本书是教育部人文社会科学研究规划基金项目
"机会驱动型国家创业系统运行与演化机制研究"
（15YJA630059）的最终成果

机会驱动型国家创业系统运行与演化研究

——基于主体行为

覃睿　樊茗玥◎著

天津出版传媒集团

天津人民出版社

图书在版编目（CIP）数据

机会驱动型国家创业系统运行与演化研究：基于主
体行为／覃睿，樊茗玥著. —— 天津:天津人民出版社，
2019.10

ISBN 978-7-201-15531-9

Ⅰ.①机… Ⅱ.①覃… ②樊… Ⅲ.①国家创新系统
—研究 Ⅳ.①G322.0

中国版本图书馆 CIP 数据核字（2019）第 237180 号

机会驱动型国家创业系统运行与演化研究——基于主体行为
JIHUI QUDONGXING GUOJIA CHUANGYE XITONG YUNXING YU YANHUA YANJIU

出　　版　天津人民出版社
出 版 人　刘　庆
地　　址　天津市和平区西康路 35 号康岳大厦
邮政编码　300051
邮购电话　（022）23332469
网　　址　http：//www.tjrmcbs.com
电子信箱　reader@ tjrmcbs.com

责任编辑　郑　玥
装帧设计　卢炀炀

印　　刷　高教社（天津）印务有限公司
经　　销　新华书店
开　　本　710 毫米×1000 毫米　1/16
印　　张　12.25
插　　页　2
字　　数　200 千字
版次印次　2019 年 10 月第 1 版　2019 年 10 月第 1 次印刷
定　　价　58.00 元

目　录

第 1 章　绪论

1.1 研究背景

党的十八大报告和十九大报告先后 13 次提到"创业",确定了"鼓励创业"为政府工作的方针,明确了"创业带动就业"的作用,并在政策与体制机制上提出了具体要求和部署,如创业人才及其能力培养、公共就业创业服务体系构建、创业文化养成等。在随后一系列政策措施引导和激励下,我国初创企业快速增长,社会创业活力大幅度提升。2017 年度,全国新登记新增就业岗位 1351 万个。经济发展进入以中高速增长、优结构、创新驱动、多挑战等为特征的新常态。但关键问题是,大规模微观层面创业能否以及如何促进产业结构升级、拓展市场空间、增加就业和提升经济社会竞争力? 这就有赖于对从创业微观基础到宏观创业特征与行为的运行和演化机理有深刻的认识和理解。

Chang 和 Richard(1994)研究发现,国家创业系统(National system of entrepreneurship,简称 NSE)能为"内在于创业的创造性和破坏性过程"与"成功经济发展的制度差异"提供一个合适的解释框架。[1] 目前,国家创业系统已成为欧美国家/地区制订和实施创业政策的基准(Kantis,2012)。[2] 但是相对于生存驱动型创业,机会驱动型创业对国民经济发展的影响更为积极,因此有理由相信,如果按驱动类型将生存驱动型 NSE 和机会驱动型 NSE,那么机会驱动型 NSE 才是解释微观创业与宏观经济发展间有机联系的更合适的框架。更进一步说,在新常态背景下,需要着力构建机会驱动型 NSE,才能更好促进经济社会发展。而要构建机会驱动型 NSE,就需深入揭示其运行与演化机制等规律性问题。

本研究将以机会驱动型 NSE 为研究对象,围绕揭示机会驱动型 NSE 运行与演化机制这一核心展开研究。首先,提出机会驱动型 NSE 概念框架,深入分析机会驱动型创业行动主体间及其与环境间的交互作用,明确机会驱动型 NSE 行动主体结构;然后,深入剖析基于主体行为的机会驱动型 NSE 的微观、中观和宏观表征及其性质;最后,以复杂适应系统(CAS)和主体建模方法,揭示机会驱动型 NSE 的演化动力、路径及实现机制。通过这些研究,本研究力图将创业系统研究推向深入,为丰富和发展创业理论做出贡献,为构建机会驱动型 NSE 提供理论依据。

1.2 研究意义

本书有助于将 NSE 研究引向深入。既有成果的研究对象多为区域创业系统,针对 NSE 的研究较少;研究重点主要是定性描述创业系统结构、功能特征与运行机制,定量评价和实证创业系统运行效率/效果等。有关创业系统功能属性及运行与演化机理研究还有待深入,尤其是针对机会驱动型 NSE 演化机制和路径的研究文献还未见到,还有较大研究空间。本书将对机会驱动型 NSE,从行动主体自身适应性行为角度、主体之间交互作用角度和主体聚集作用等角度,揭示机会驱动型 NSE 演化机制和路径。因此,本书有助于推进 NSE 的深层次研究。

此外,本研究还有助于为构建机会驱动型 NSE 提供理论依据。研究在阐明机会驱动型 NSE 行动主体交互作用规则与机制基础上,探明行动主体和创业资源在创业系统中的流动、转化和涌现机制,探索机会驱动型 NSE 演化动力及其生成机制、传导机制等,揭示机会驱动型 NSE 的演化路径与实现机制。预期成果不仅有助于丰富和发展创业系统理论研究,而且能够为在以中高速增长、优结构、创新驱动、多挑战等为特征的新常态背景下构建机会驱动型 NSE 提供理论依据。

1.3 研究内容及思路

本研究以机会驱动型 NSE 为研究对象,以 CAS 理论以及多主体建模方法为理论和研究工具,围绕机会驱动型 NSE 是如何从异质性主体自身特征与行为交互性,到系统整体特征与行为多样性的机制和路径这一核心主题展开研究,重点突破机会驱动型 NSE 整体特征产生的微观、中观与宏观机制,明确系统演化路径和实现机制等。研究总体思路如图 1 - 1 所示,具体研究内容包括:

(1)基于主体行为的机会驱动型 NSE 研究的理论基础,主要包括:①对区域创业系统、国家创业系统、创业机会等相关概念进行了界定;②由于创业机会是机会驱动型 NSE 的研究抓手,本书对创业机会的概念和类型进行了详细的阐述,进一步解释机会驱动型创业的含义,并就创业机会的发现和构建进行了描述;③介绍了复杂适应系统理论,从而为机会驱动型 NSE 主体行为复杂适应性分析奠定了理论基础,同时在经典理论与实际问题之间建立了顺畅的对应关系。

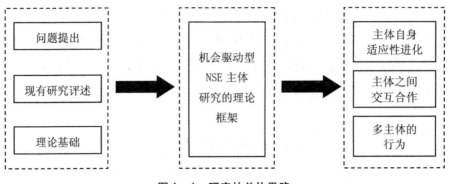

图 1-1　研究的总体思路

（2）机会驱动型 NSE 概念、结构及主体行为特性研究，主要包括：①构建机会驱动型 NSE 概念框架。重点阐释机会驱动型 NSE 的概念内涵、行动主体结构、基本特征、功能属性与目标等；②分析机会驱动型 NSE 基本结构，包含其核心要素、中介要素和基础要素的内容及其作用；③探讨机会驱动型 NSE 的复杂适应性特征，明确行动主体结构及其与功能的复合机制。在分析机会驱动型 NSE 结构的基础上，对机会驱动型 NSE 的复杂适应性特征进行论证，具体包括基本属性、演化过程和主体行为三个方面。④分析机会驱动型 NSE 主体行为，从机会驱动型 NSE 主体自身的适应性行为，主体之间的交互合作行为和多主体的行为涌现维度，从微观层面、中观层面到宏观层面系统分析机会驱动型 NSE 主体行为的特征，为下文研究作准备。

（3）机会驱动型 NSE 主体的适应性行为分析，主要包括：①引入适应度景观理论和 NK 模型，并对 NK 模型的基本原理进行阐述。②分析机会驱动型 NSE 主体适应性行为的影响因素，构建机会驱动型 NSE 主体适应性行为模型，并进行参数设置。③通过对参数进行调节，绘制不同条件下的适应度景观图，分析机会驱动型 NSE 主体的适应性行为特征。④分别对机会驱动型 NSE 主体的适应度本地峰分布、局部最优化游走和全局最优化长跳进行比较分析，进而全面刻画机会驱动型 NSE 主体的适应性行为特征。

（4）机会驱动型 NSE 主体的交互合作分析，主要包括：①分析机会驱动型 NSE 主体之间交互合作的演化博弈分析框架。分别包括演化稳定策略的制定,复制者动态方程的制定,并设定机会驱动型 NSE 的演化博弈模型的基本假设。②创业主体与知识供给主体的演化博弈推断,并分析选择合作的初始群体规模、创业主体配合接受知识水平、创业主体主动接受知识水平、知识供给主体的影响力度等因素对两主体博弈的影响。③创业主体与政策供给主体的演化博弈推断,并分析选择合作的初始群体规模、创业主体配合推行政策意愿、创业主体主动推行政策意愿、政策供给主体的推行力度、创业主体为了保证发现创业机会而投入的额外成本等对两主体博弈的影响。④创业主体与服务供给主体的演化博弈推断,并分析选择合作的初始群体规模、创业主体收益比、政府支持主体合作的收益、创业主体合作成本、原创业主体的收益等对两主体博弈的影响。

(5)机会驱动型 NSE 多主体行为涌现分析,主要包括:①分析多主体行为涌现的规模效应和结构效应,通过建立涌现仿真模型,定量刻画以主体交互行为为基础的群体行为涌现效应。②以群体行为涌现的规模效应和结构效应逻辑分析为基础,引入 Netlogo 多主体仿真平台,对创业主体、知识供给主体、政策供给主体和服务供给主体行为进行定义。③分析机会驱动型 NSE 多主体行为涌现的规模效应,并从创业主体规模、创业收益规模和创业机会规模等角度进行仿真分析。④分析机会驱动型 NSE 多主体行为涌现的结构效应,通过可视化仿真进行演示。进一步分析在创业主体资源禀赋和环境不确定性都比较高的情况下,大量创业主体的选择策略,以及机会驱动型 NSE 整体的涌现规模效应,同时优化系统网络结构。

本书将围绕研究目标、研究内容及拟解决的难点和重点,充分利用 CAS 和主体建模研究由“活”的行动主体构成的复杂适应系统的优势,以及综合演化博弈和主体建模等方法,跨学科、多理论开展研究(具体如图 1 – 2)。

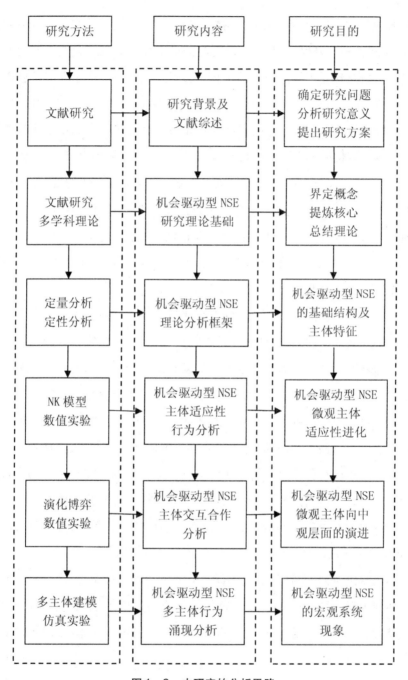

图 1-2 本研究的分析思路

首先,基于文献研究,构建机会驱动型 NSE 基本概念框架,采用系统分析方法,分析并论证机会驱动型 NSE 涌现的性质与特征,明确机会驱动型 NSE 结构及其与功能的复合机制。

然后,提出机会型 NSE 行动主体行为规则及其相互作用等理论假设,应用演化博弈理论,以创业系统理论为理论基础,明确机会驱动型 NSE 主体要求,从主体行为角度,揭示机会驱动型 NSE 中观演化机制。

最后,以 CAS 理论和主体建模为理论基础与研究方法,利用系统仿真模型,对基于主体行为的机会驱动型 NSE 演化进行分析,提出并论证机会驱动型 NSE 主体行为的涌现动力、机制和路径。

1.4 研究方法

本研究融合管理学、生物学、物理学等学科理论和技术手段,借助文献研究建立整体研究框架,采用解释方程模型、生物进化模型、演化博弈、多主体仿真等多种方法,分析基于主体行为的机会驱动型 NSE 的复杂适应性。主要研究方法如下:

(1)文献研究法与调研研究法相结合。根据基于文献研究和逻辑归纳提出的理论假设,拟定调研和深度访谈方案,选择若干初创企业、创业家、孵化器、科技园区进行访谈,从政府机关、国家级孵化器、初创企业、风险投资机构、成长性较好的大中型企业等机构邀请遴选 10—12 位专家,采用德尔菲法,进一步明确机会驱动型 NSE 的影响因素及因素之间的相关性等问题。

(2)生物进化模型与数值模拟相结合。引入生物进化模型中的 NK 模型,针对机会驱动型 NSE 主体的适应性行为影响因素,提出机会驱动型 NSE 主体适应性行为模型,采用数值模拟的方法,定性和定量相结合,剖析机会驱动型 NSE 主体的影响因素及其之间的非线性关系对主体进化的影响作用。具体的,在不同情形下通过生成主体适应度绘制适应度景观图,进一步对主体适应度的本地峰分布、适应性游走和全局最优化长跳等主体行为进行比较分析。

（3）演化博弈与数值实验相结合。应用 CAS 理论中主体演化的基本行为模型等，针对机会驱动型 NSE 演化机制及行动主体间相互作用关系等问题提出的理论假设，演化博弈和数值实验等方法，定性和定量综合剖析机会驱动型 NSE 演化过程选择、成长等现象与问题。具体的，分别针对创业主体与知识供给主体、创业主体与政策供给主体、创业主体与服务供给主体等交互合作行为对机会驱动型 NSE 进行系统描述和比较研究，并构建系统演化动力学模型。

（4）基于多主体的建模方法与模拟仿真法。借助 CAS 的思想及多主体建模方法技术，通过仿真机会驱动型创业主体、知识供给主体、政策供给主体和服务供给主体等各类 Agent 的属性、行为规则及相互间联系，构造机会驱动型 NSE 整体模型，借助 Netlogo 仿真平台研究从机会驱动型创业微观基础到机会驱动型 NSE 涌现行为。在具体模拟仿真过程中，将创业规模、创业成本、创业政策推动等因素作为随机变量引入机会驱动型 NSE 仿真系统，并对机会驱动型 NSE 的动态适应性行为、演化机制和路径进行研究。

1.5 本研究的重点和难点

（1）明确机会驱动型 NSE 主体行为的复杂性，揭示机会驱动型 NSE 的演化路径与实现机制。通过初步考察发现，机会驱动型 NSE 具有复杂适应性特征，是复杂适应系统，因此对其主体行为的演化、交互和涌现推进了机会驱动型 NSE 的演进，那么从微观个体的创业行为经过引导能否以及如何系统化地推动机会驱动型 NSE 演进，就成为本研究拟突破的重点和难点之一。为此，本研究在充分分析机会驱动型 NSE 结构及其特征的基础上，明确机会驱动型 NSE 的行动主体及其特征，以宏微观创业理论和 CAS 理论及建模方法为理论依据和研究工具,揭示机会驱动型 NSE 从微观到宏观层次的阶进演化路径和实现机制。

(2)明确机会驱动型 NSE 从机会驱动型创业微观基础到系统宏观行为的中观机制。行动主体及其结构是机会驱动型 NSE 的基础,基于创业机会的创业行动网络是机会驱动型 NSE 的中观表征,因此明确机会驱动型 NSE 主体网络结构,进一步明确创业主体自身及其与知识供给主体、政策供给主体和服务供给主体等其他资源的生成、流动、转化和聚集机制,就成为本研究拟突破的重点和难点之二。本研究拟采用多理论、跨学科研究进路,重点依据复杂系统分析法,充分结合创业机会、创业社会网络等研究成果,明确机会驱动型 NSE 从个体到多主体直至群体的行为规则,阐释各系统主体在机会驱动型 NSE 中的进化、交互和涌现机制。

第 2 章　相关理论阐述

2.1 区域创业系统

2.1.1 区域创业系统概念

伴随着全球一体化进程的加快,信息技术的广泛应用,许多工业化国家的国内区域都受到了影响与冲击,这使得区域经济的竞争优势在创造上与保持上更加困难。区域优势的消失叠加起来就会形成国家竞争优势的丧失。因而,越来越多的国家开始关注区域创新系统(Rational Innovation System,简称 RIS)。该概念最早由英国学者 Cooke 于 1992 年提出。在 1995 至 2000 年,其对区域创新系统进行了明确的定义,认为区域创新系统主要是由地理上相互分工与关联的生产企业、研究机构和高等教育机构等构成的区域性组织体系,在这个体系内企业和其他组织通过根植性的制度环境相互学习,从而使这种体系支持并产生创新。研究区域创新系统的根源是希望通过创新来产生新的区域竞争优势。但实际情况是诸多的创新成果并不一定能转化为生产力。这就需要建立一种基于创业主体的区域创新系统,即区域创业系统(Regional Entrepreneurship System,简称 RES)。在区域内使创业主体成为创新成果的转化者与应用者,通过创业主体将创新有效地与社会实践结合起来,进而产生出竞争优势。[3]

RES 是指在一国内的一定地区范围内,将新的区域经济发展要素或这些要素的新组合引入区域经济系统中,通过创业主体的作用创造出一种更为有效的资源组合与配置方式,从而使区域资源不断得到优化,区域创业能力不断提高,进而促进区域经济发展的系统。系统的组成要素主要有政府机构、教育科研机构、地区政策与制度、地区自然环境、中介机构、创业主体及创业活动等。

RES 具有客观性、整体性、多样性、自组织性与开放性。[3]

(1)客观性表现为 RES 总是处于一定的制度、法律、政策、文化及国际环境中,环境的变化会在客观上影响到 RES 的构成与运行。同时,RES 也会对外部因素的变化作出客观的反应。

(2)整体性表现为 RES 不是各要素的简单相加和累积,而是通过非线性的相互作用构成的有机整体。各要素之间形成交错的网络连接关系,在系统运行过程中,各要素与系统之间进行着知识、信息、资金及人才的交流,使系统呈现出单一的创业促进体系所不具备的作用。

(3)多样性是指各区域由于经济发展水平的差异,而在系统构建与运行效率上呈现多样性,它不会表现为同步的单一性,而是丰富多样的。如东部经济发达地区与中西部落后区域,在行业发展导向、人才资源、地理资源上的差异就会使 RES 表现出极大的不同。

(4)自组织性是指区域创业主体会在创业系统的刺激和约束下,不断挑战自己的创业行为与资源构成,从而促使系统也不断进行改变与发展,最终形成有利于创业主体及创业活动的区域创业促进系统。

2.1.2 区域创业系统研究现状

国内外学者对区域创业系统研究较多且较深入。Spilling(1996)基于生态系统观,采用案例研究法,对区域创业系统构成要素、品质和能力的决定因素、系统演化触发因素等进行了深入研究,并构建了外部因素触发诱导下和循环反馈机制下的区域创业系统演化理论框架。[4] Lichtenstein 和 Lyons (2001)结合长期工作经验,采用跨学科方法,指出创业研究应向系统范式转变,并提出"创业发展系统(EDS)"概念,阐述了区域创业系统的结构、功能、优点和构建方法。[5] Neck(2004)及其合作者先后以美国 Boulder 县和 Victoria 市为例,采用半结构访谈法,研究了鼓励、支持和强化区域创业活动的创业系统构成要素及其相互间关系,[6] 以及正式/非正式网络、物理基础设施和文化对于可持续创业(生态)系统的作用和贡献。[7]

在 Cooke 和 Leydesdorff(2006)的研究基础上,Håkan Ylinenpää(2009)对创业型区域创新系统(Entrepreneurial Regional Innovation System,简称为 E-RIS)和制度型区域创新系统(Institutional Regional Innovation System,简称为 IRIS)进行了深入比较,并采用案例研究法进行了实证研究。研究发现,个体层面的创业研究和系统层面的创新系统研究间的跨域统整是可能的,且有利于打开忽视个体行动者的传统创新系统黑箱。[8] Isenberg(2011)结合他二十余年的工作经验,将创业生态系统上百个构成要素分为 6 大类 12 小类,但并未深入探讨要素间的因果关系。[9] Mason 和 Brown(2014)在 Isenberg 的研究基础上进一步阐述了区域创业生态系统的特性,在诠释区域创业生态系统涌现原因和条件的基础上,构建了区域创业生态系统动态模型,阐释了政策对创业生态系统的支持作用。[10]

相对于国外学界,国内学界对区域创业系统的研究更加深入。国内学者除了采用定性描述、案例研究法和深度访谈法外,还采用情景模拟实验法、回归分析、结构方程模型等对理论假设进行实证研究。熊飞(2006)指出区域创业系统是 NSE 中相对独立的有机组成部分,进而阐释了区域创业系统内涵、特征以及资源流动对系统的影响、区域文化对系统的作用、区域创业系统与区域竞争力之间关系等。[3] 程安昌(2007)基于科技创业过程理论,构建了科技创业系统模型,指出科技创业系统是一个复杂的体系,提出了理想状态下科技创业系统成功的条件。[12] 刘霞和张仁俊(2008)分析了区域创业系统内涵、构成与结构,并基于 CAS 理论框架分析指出了区域创业系统所表现出的典型的复杂适应系统的性质和特征。[13]罗山(2010)将创业系统的主体和环境要素区分为"对象面"和"作用面",并认为创业系统的内在机制是"作用面"通过某种机制或方式向"对象面"施加作用和影响,"对象面"则发挥自身能动性,借助"作用面"的作用和影响而产生变化,[14]但未进一步研究机制问题。党蓁(2011)明确了创业系统具有非线性、多层次等复杂系统的动态特性,并提出了政府扶持型创业系统的内容框架,重点阐释和验证了创业系统的内容结构以及创业支撑、创业文化、创业政策与创业系统绩效之间相互作用机理。[15]赵涛、刘文光和边伟军(2011,2012,2013,2014)等先后合作以创业理论、系统动力学和种群生态学为理论基础,对区域科技创业生态系统结构模式、运行机制、评价指标体系和评价模型、科技创业企业生态测度方法等进行了研究。[16,17,18,19,20]潘剑英(2014)基于复杂适应系统理论(CAS)提出了一个五维度创业生态系统特征模型,通过四个典型科技园区的跨案例研究,明确了科技园区向创业生态系统转型升级的背景特征,指出科技园区创业生态系统具有基础支持性、网络互动性、知识密集性、生态多样性、系统开放性等五项特征,并据此开发和验证了科技园区创业生态系统的测量工具。此外,他还综合应用情景模拟实验法、基于问卷调查的回归分析法和多层次线性模型分析法,研究了企业进入科技园区创业生态系统的适应选择机制和科技园区创业生态系统中企业竞合竞争机制。[21]张玲斌和董正英(2014)则对区域生态系统中"创业企业与政府""创业企业与研究机构"与"创业企业与风险投资"种群间协同效应进行了研究。[22]杨勇、王志杰(2014)研究了区域生态系统中"创业企业与政府""创业企业与研究机构""创业企业与风险投资"种群间协同效应问题。[23]

2.2 国家创业系统

2.2.1 国家创业系统概念

Aldrich(1990)在其开创性的论文中建议采用生态系统观研究新企业的创建,[24]随后 Van De Ven(1993)开启了创业研究的社会系统视角。[25]国家/地区创业系统(National System of Entrepreneurship,简称为 NSE)概念及国家/地区间创业系统比较研究最早见于韩国学者 Chang 与瑞典学者 Richard 合作的论文。基于演化视角,Chang 和 Richard(1994)认为,国家创业系统为"内在于创业的创造和破坏过程"与"经济成功发展的制度多元化特征"之间的联接提供了一个适当的框架。[1]随后国内外学者陆续对国家/区域不同层面的创业系统展开了研究。目前,"NSE 是由众多相互作用的主体构成的集合"已成为学界共识,构建创业(生态)系统已成为欧美国家/地区制订和实施创业政策的基准。[2]相关 NSE 的研究在 20 世纪 90 年代还较少,进入 21 世纪之后,创业研究的系统范式才进入更多国内外学者视野,并取得了一些具有参考和借鉴价值的研究成果。

有学者出于研究需要采用不同概念和进路对国家/地区或区域创业系统的构成和运行机制进行了研究。[4,6,7]梳理相关文献发现,处于创业活动中心的创业主体与其他行动者和制度环境之间存在相互作用已成为学界和政策当局的共识。因此,国家/地区宏观层面上的创业是"根植于特定制度的个体层面的创业态度、创业活动与创业意愿的动态相互作用"[26],称之为国家创业系统。国家创业系统与国家创新系统一样,是系统的、演化的、功能性的,[27]只不过在运行机制上有赖于自发的市场与慎重的公权力的协同,[28]在系统产出上是生产性创业活动、新企业创建和资源配置。

2.2.2 NSE 研究现状

国内外学者对 NSE 的研究不多,且主要集中于 NSE 构成要素及结构层次、运行机理、测评工具、国际比较等方面。Chang 与 Richard(1994)基于进化论视角给出了 NSE 的定义,并采用国际案例比较法论证了 NSE 能为"内在于创业的创造性和破坏性过程"与"成功经济发展的制度差异"提供一个合适的解释框架。[1]Kantis 与 Federico(2012)通过拉美五国案例证实了政策在 NSE 构建和发展中发挥着催化剂作用。[2]ács 等(2009,2014)经过连续多年的研究,再次引入 NSE,并建议采用全球创业发展指数(GEDI)测度和刻画国家层面的创业发展状况与特性。他们认为,NSE 是由个体层面的机会识别和追求驱动的资源配置系统,其创业产出由特定国家制度规制。[11,29]ács,Autio 和 Szerb(2014)引入了一个新的国家创业系统概念,并提供了一种描述它们的方法。[11]Lafuente,Szerb 和 Acs 等(2016)采用数据包络分析(DEA),直接测试各国如何利用其现有的创业资源,结果支持知识溢出创业的效率假设。[30]Schillo,Persaud 和 Jin(2016)通过调查个人层面和国家层面的变量之间的系统性偶发事件的重要性,为国家创业系统提供了帮助。[31]Leyden 与 Patrick(2016)提出了一种以国家为基础的创业环境理论模型,将企业环境的各个子集整合到一个功能性的整体中,并探讨了在改善私营部门和公共部门企业家的创业环境中,NSE 引导的公共政策所发挥的作用。[32]

国内学者熊飞(2006)对 NSE 概念、内涵与特征、层次结构、功能实现过程和影响因素及其作用机理进行定性分析,指出 NSE 是由多类机构相互作用而形成的推动创业活动的网络体系,其中创业主体及创业活动处于核心地位。[3]覃睿等(2016)基于意向性行动理论,将 NSE 视为(潜在)创业者基于自身资源和条件以及在与关联行动者的社会互动过程中的身份构建与认同、创业意向生成与满足,以及创业活动及其成果社会合法性的涡式循环进阶过程系统;[33]覃睿等(2013,2014,2015)还先后基于 GEDI 对我国创业系统进行了比较研究；基于 ISM 及 ISM 与 DEMATEL 集成法对 NSE 结构层次进行了解析，并在此基础上阐释了 NSE 的运行机理和政策含义；[29,34,35] 以计划行为理论(TBP)为理论基础，构建出基于创业决策过程的 NSE 两阶段模型，并选取 43 个国家作为样本，采用网络 DEA，对 NSE 相对效率进行评价，结果发现，我国 NSE 有诸多改进空间。[36]

此外，尽管没有采用 NSE 这一术语，还有一些学者从国家宏观层面对创业系统进行了初步探讨。如汪忠等(2014)研究了以社会企业为主体的社会创业生态系统结构与运行机制；[37] 林嵩(2011)研究了创业生态系统的概念发展与运行机制；[38] 何云景和武杰(2007)构建了复杂适应的创业支持系统。[39]

2.3 创业机会

2.3.1 创业机会概念

创业机会是创业研究中最受关注的焦点。创业过程始于创业机会的识别。创业机会为什么、何时以及如何存在是创业机会研究中的一个基本问题(Shane 和 Venkataraman,2000)。[40] Timmons(1999)从创业的动态过程视角提出的创业概念模型，指出创业的核心要素是创业机会、创业团队和资源，创业过程是创业机会、创业团队和资源的相互作用与协调整合；[41] Sahlman(1999)提出的创业模型认为，创业的核心要素是人与资源、创业机会、创业环境和交易行为。[42] 因此，创业机会是创业活动的核心要素之一，也是创业研究领域所关注的关键问题之一。

创业理论认为，识别并且开发合适的创业机会是创业主体一项重要的能力。熊彼特认为创业机会是为了满足市场需求，创业主体将资源创造性地结合起来从而实现价值传递的一种可能性；Timmons(1994)认为创业机会具有三个特征,即机会要具有吸引力、持久性和适时性,同时还可以为客户提供创造或增加价值的产品或服务;[43]Kirzner(1997)认为,创业机会是未得到充分满足的市场需求;[44]Shane 和 Venkataraman(2000)认为,创业机会是新产品、新服务、新材料,甚至是一种新的组织方式,可以通过生产与销售来获得高于成本的收益;[40]Alsos 和 Kaikkonen(2011)也提出了类似的观点,认为创业机会是向市场引入新产品,为顾客提供更好的商品和服务以获取利润的可能性;[45]Chandler 等(2003)认为创业机会代表了创业主体解决问题、满足消费者需求的能力;[46]Smith 等(2009)指出,创业机会是在未来情境下,创业主体利用市场的不完善性来追逐利益的一种可能性,该定义包括了两种情境,一种情境是创业主体通过创新来为市场提供一个不断创新的产品服务、原材料或组织方式,另一种情境是在未饱和市场中提供模仿性的产品服务、原材料或组织方式。[47]这个定义的内涵较为广泛(王倩和蔡莉,2011)。[48]

因此,本书对创业机会概念的界定也参考了 Smith 等(2009)[47]的观点,创业机会是在未来情境下,创业主体利用市场的不完善性来追逐利益的一种可能性。在此情境下,创业机会能够为市场提供一个不断创新的产品服务、原材料或组织方式,或是在未饱和市场中提供模仿的产品服务、原材料或组织方式,从而满足市场需求并创造利润。

2.3.2 创业机会类型

国内外学者们对创业机会类型进行了多角度的研究,取得了大量研究成果,例如 Ardichvili 等(2003)、Samuelsson(2004)、Koellinge(2008),以及张玉利和陈寒松(2011)、杨俊(2013)、斯晓夫(2016)等学者从不同角度将创业机会划分为不同类别。[49,50,51,52,53,54]

Ardichvili 等(2003)对创业机会进行了系统的分类,并认为机会类型会影响机会的开发过程以及创业的结果。根据创业机会的来源和发展,他们构建了创业机会矩阵,把创业机会划分成四个类型:①机会的市场需求未明确,创业主体是否具有实现机会的资源和能力也未知,因此这一类机会被视为"梦想",侧重于推动知识向新方向发展以及使技术突破现有的限制;②已识别了市场需求,但创业主体是否具有实现这一机会的资源和能力尚不确定,在这一情境下,机会开发的目标是设计出具体的产品或服务以满足市场需求;③代表着市场需求未明确但资源和能力已确定的机会,此时机会开发侧重于寻找合适的商业领域进行应用;④是市场需求明确并且资源和能力也确定,机会开发就是将已有资源与市场需求结合匹配,创立新企业以创造并传递价值。[49] Samuelsson(2004)根据市场存在的两种不同供求关系组合形式将创业机会分为创新型机会和均衡型机会,并指出创新型机会是一种创造性的变革,它不仅改变了原有的供求关系,其生产要素还以新方式进行组合,创造出新产品和新服务;[50]均衡型机会则是指与现存企业的业务范围几乎没有差异的机会,是一种局部优化型的变革,为潜在创业主体提供了对资源进行优化配置的创业机会。Koellinge(2008)根据创新程度和面临的风险程度对创业机会进行了分类,除提出了与 Samuelsson 相似的创新型机会类型,模仿型机会也是其提出的重点。他认为模仿型机会发生在成熟的市场,可以通过观察而获取到竞争对手和客户的相关信息,由于市场信息不对称,创业主体可以从信息中发现尚未被其他参与者识别的获利机会,甚至在极端情况下存在无风险套利的可能。[51] Smith 等(2009)在探讨机会识别问题时,根据机会内隐程度将创业机会分为编码型机会(Codified Opportunity)和内隐型机会(Tacit Opportunity)。他们将机会识别的方式归纳为系统搜寻和机会发现过程,编码型机会能够通过系统搜寻识别,而内隐型机会则会通过发现过程被识别,或者被忽略,从而导致无法采取系统搜寻的方式进行识别。[47]

陈震红和董俊武(2005)根据产生创业机会的几类不同的因素,将创业机会分为技术机会、市场机会和政策机会三类。[55]王大开和侯志平(2008)

也提出了类似的观点。[56]彭海军(2010)把创业机会根据技术优势和市场优势划分为两类,分别是技术主导型机会和市场主导型机会。[57]顾名思义,技术主导型机会源于技术的革新、新技术的出现,在技术上拥有独特优势;而市场主导型机会是因政策、人口、环境等因素变化,导致原有市场的均衡被打破,出现新的机会。张玉利和陈寒松(2011)根据手段-目的的明确程度,将创业机会分为识别型机会、发现型机会和创造型机会。

　　识别型机会指的是市场中手段-目的关系十分明显,创业主体可通过手段-目的关系来辨别机会;发现型机会指目的或手段有一方状况未知,等待创业主体去发掘的机会;创造型机会是指目的和手段均不明确,创业主体要比他人更具先见之明,才能创造出有价值的市场机会。[58]杨俊(2013)按照创新程度的不同,将创业机会分为三类,分别是复制型创业机会、模仿型创业机会和创新型创业机会。[53]复制型创业机会、模仿型创业机会是较为传统、在近年来的创业实践中被大量应用的两类创业机会;创新型创业机会是识别与开发难度和风险较大,但潜在收益最大的一类创业机会(张玉利等,2008)。[59]相应的,通过开发不同的创业机会,创业主体选择了不同的创业模式,模仿型创业是通过模仿或跟随别人而不进行创新或很少进行创新,其创业机会往往创新程度不高,容易被模仿;创新型创业则是通过创新变革,率先抓住具有较高创新性机会的创业活动,由创新型创业机会带来的产品或服务在市场上往往没有大量出现,不容易被模仿(李剑力,2013)。[60]刘佳和李新春在 Samuelsson 和 Davidsson 研究的基础上,将创业机会划分为创新型创业机会和模仿型创业机会,将创业主体的创新选择与机会开发联系起来,并进行了实证分析,探讨了两种类型的创业机会对创业绩效的影响作用。[61]

　　本研究基于 Smith 等(2009)提出的创业机会概念,借鉴学者 Koellinge (2008)和杨俊(2013)的观点,将创业机会类型分为两部分,分别是创新型创业机会和模仿型创业机会。这两种不同类型的创业机会与国家创业系统有着密切的关系,这不仅丰富了理论研究,而且还能够紧密联系我国创业的实

际情况,为创业实践提供一定的参考。[47、51、53]

2.3.3 机会驱动型创业

2008 年的金融危机导致中国的就业形势日益严峻,"创业带动就业"的政策被提出来,创业又一次发挥了关键作用。创业已成为一个全球性的话题,日益受到重视。然而中国被认为是创业机会多,但创业能力弱的国家。依据角度的不同,创业活动有多种分类方法,其中 Global Entrepreneurship Monitor(即全球创业观察,简称为 GEM)从创业动机的角度将创业划分为两类:机会驱动型创业和生存驱动型创业(张敏,2016)。[62]其首次提出是在 2001 年《全球创业观察报告》中。

机会驱动型创业活动是指创业主体被商业机会吸引而选择的创业,这些商业机会是创业主体们自愿开发的。机会驱动型创业又被称为机会型创业,其目的是为了实现潜在的商机,非物质回报对机会型创业的影响要远远大于对生存型创业的影响。2005 年 GEM 报告进一步指出,机会型创业一般是在创业主体拥有稳定的经济基础之后才开始的,多从其熟悉或擅长的领域开始,企业存续时间一般较长。有学者在研究中指出,满足机会型创业主体的标准有二:第一,必须是初始创业主体;第二,创建一个新企业是因为他为了追求新的商业机会。[63]

机会驱动型创业的主要特点为:①对经济增长和就业的促进作用明显;②在高收入国家中,所占比例更大;③一般更关注科技型、创新型领域,创业风险较大;④机会型创业主体一般拥有较多的初始创业资源、较强的资源获取能力、较强的创业技能及更强的自制力、自信心和风险承受力。

因此,一般认为,机会型创业在促进经济增长、提升产业竞争力、增加税收等方面的优势更为明显。本书认为,基于机会型创业的国家创业系统将更有利于促进产业结构升级、拓展市场空间、增加就业和提升经济社会竞争力。

2.3.4 创业机会的发现与构建

创业的核心在于创业机会,是创业主体对于创业机会的认识、理解和把握。从过去近二十年的创业机会文献研究来看,创业机会的发现与构建为创业绩效产生了独特的作用。

从认识论视角来看,创业机会来源于两个方面,一是创业主体基于客观存在论的"印迹"(imprinting)过程,即创业机会的发现;二是基于构建论的"众迹"(reflexivity)过程,即创业机会的构建。

客观存在论的观点认为,创业机会先于创业主体的意识存在于客观环境,由慧眼独具的创业主体发现(Shane,2012)。[64]创业主体发现创业机会就好像科学家通过科学实验得到新的发现一样。然而并非所有的创业机会都是客观存在的。创业机会的出现不可能不依赖于创业主体,且创业机会很难独立于创业主体而存在(Alvarez 和 Barney,2007)。[65]尽管某些客观的环境条件(例如技术进步、政治或监管环境以及人口转变)影响创业机会,但是创业机会最终取决于创业主体的创造性想象以及社会化技能等内在因素,而不是仅仅依赖外在环境因素。从这一角度而言,创业机会存在于更加广阔的社会或文化环境中,受助于创业主体想象与社会化技能的互动,通过创业主体概念化、客观化以及实施三个过程来完成创业机会的构建(Tocher等,2015;Wood 和 McKinley,2010)。创业机会的构建是创造性想象与实践(Sarasvathy,2001;Sarasvathy 等,2008)或创造性"拼凑"(Baker 和 Nelson,2005)的产物。[66,67,68,69,70]

但是也有文献指出,有些创业机会的产生兼有发现与构建二者的特征。主要表现为:①创业主体特质的研究再次兴起(Miller,2015;DeNisi,2015;Shane 和 Nicolaou,2015)。因为他们具有四种特殊的行为习惯,即质疑、观察、尝试以及将某些创意想法与自身外界网络保持交流,通过这些行为,创业主体能辨认(包含发现和构建)出创业机会。[71,72,73]②资源拼凑与创新模式探讨。无论是 Baker 和 Nelson(2005)发现的资源贫乏企业通过整合手头现有资源,将有限资源创造性利用以开展创业活动;[70]还是 Si 等(2015)提出的义乌创业发展历程是通过破坏式创新把握了市场中潜在的机会,推动了经济的发展与义乌这个创业典范城市的形成;[74]他们都明确指明了从资源利用视角来看,创业机会是发现与构建的结合体。③组织形式与制度环境的推动作用。Trist(1983)认为,创业主体常常在组织化和制度条件不足的领域推出新的产品或服务。[75]Wright 和 Zammuto(2013)研究发现,要想改变规则和赛制,除了创业行动者在创造机会时要满足经济可行性,还要满足政治可行性,把获得的新资源投入到策略目标中,使得旧有制度的"看门人"瓦解,才能在成熟领域的市场中创造成功机会。[76]可见,位于网络中心的企业既受客观环境的影响,可以利用社会网络资源发现创新机会,同时又受到构建论的影响,可以主动地推动制度环境变化构建创业机会。

创业机会的发现与构建是本书构建机会驱动型 NSE 的研究基础,由于目前没有对机会驱动型 NSE 和创业机会的系统研究,在中国情境下创业机会探讨的文献也较少,因此本书以创业机会的发现与构建为出发点,以机会驱动型 NSE 主体为研究对象,从微观至宏观层面分别探索并解释机会驱动型 NSE 的运行与演化机制。

2.4 复杂适应系统理论

2.4.1 复杂适应系统概念

霍兰在《隐秩序》中非常形象地刻画了一个真实的复杂适应系统——城市,他认为"适应性造就复杂性",非常复杂的现象后面往往只是个体在适应环境过程中的简单行为,这便是复杂适应系统理论的核心理念。复杂适应系统中的全部个体都处在同一个大环境中,但是个体自身仅仅对范围有限的小环境具有感知功能和影响作用,它们依照自身获取的有限信息产生交流或冲突。个体自身具备对环境的适应能力,能接受外界环境的变化刺激而对自身属性策略进行调整,最终目标是提高适应度。为了保证长久生存,个体的调整和修改同样具有持续性,同时众多个体的群体行为折射出环境的复杂动态以及个体之间的共同演进。在上述情境中,个体和环境之间处在交互影响、共同演进的过程中,系统的宏观特性也随着共同进化"从下至上"不断涌现。[77]

霍兰认为,复杂适应系统具有七个基本属性(前四个属于能够对适应进化产生作用的主体属性,后三个体现了主体和环境的交换机制):①聚集,是指主体借助粘着机制组成较大的聚集体。这并非主体之间简单地合并,而是借助聚集产生新的更高层次的主体,它很好地消除了主体和整体之间的障碍,体现了系统论研究中主体之间相互作用的理念。②非线性,是指主体及其属性产生的改变,并不是按照简单的线性关系进行的。这是解释分析主体行为的重要内在要素,是复杂特征表现的根源。③流,是用来连接复杂适应系统主体,其特征是变异适用性、乘数效应和再循环效应,系统自身的复杂程度越高,物质、信息等交流频率就越高,其通常程度与系统演进过程存在关联。④多样性,是指在主体适应进化过程中,各因素导致主体之间的差异不断增大而分化的表现,是复杂适应系统自身的又一突出特征。霍兰认为,正是由于主体的持续适应和互相影响作用,产生了主体的多样性。⑤标识,是指用来总结主体从环境中搜寻和接受信息的方式,使主体能够实现对难以分辨的主体与目标的选择。⑥内部模型,是指通过自身所能接受的合适的模型转变为内部结构的改变。⑦积木,是指组成系统的基础构建,是用来描述参与复杂世界能力的最普遍、最关键的基础。复杂系统同自身的复杂性不但与构件的数目和规模存在关联,而且与构件重组的形式和次数存在重要关系。

2.4.2 复杂适应系统的主体行为

在复杂适应系统中,具有适应性的主体是整个系统形成发展的基础,主体行为则催生系统呈现出特有的复杂适应性特征。伴随着现代认识论的出现,之前的主体概念被"代理者"(cognitive agent)逐步替换。在这种理论发展背景之下,圣塔菲研究所总结阐明了适应性主体(adaptive agent)概念。他们认为复杂适应系统中的适应性主体本身具备感知能力,同时兼具主动性和"活性",可以和其他主体以及环境产生交互,并主动对自身进行调节以提高适应能力;或者主动与其他主体产生竞合关系,以保证自身利益;适应性主体不是万能的,也有可能出现误判而带来自身的消亡。总之,主体适应性是复杂适应系统复杂性产生的根本基础。通过对比可发现,适应性主体能实现持续修正进化、学习成长,这种特性使得复杂适应系统与传统的系统之间存在明显区别。同时需要注意的是,这里的适应性是广泛抽象的概念,只要主体能够从交互作用中获取信息并以此为基础主动作出决策,例如借助结构或行为方式调整获得更高适应度,即可认为主体具备适应性。总体来说,适应性主体具有以下基本特征:

(1)主动性和自主性。主体的主动性体现在自身不但能够依据环境改变产生反应,而且兼具事先预测机制,霍兰采用内部模型对该特征进行描述;主动性是复杂适应系统演化的最基本动因,是分析系统整体行为的入手点,这一分析问题的思路极具突破性,因为系统的复杂性是在主体与主体以及主体与环境之间主动交互过程中表现出来的,主动性程度影响系统整体的复杂性程度。自主性体现在主体能够在不存在其他主体指导的条件下实现自主运行,并同时调整自身状态和行为,这是适应性主体和传统元素的主要区别,而这一特性的存在,使得适应性主体能够用于分析经济、社会等传统方法很难有效应用的复杂适应系统领域。

(2)社会性。主体具备其他主体的知识、信息,而且能够借助通用的通信语言实现相互之间的交互合作。在复杂适应系统中,个体和环境(事实上,环境也可视为由其他主体组成,同时包含不同个体)之间的相互作用是推进系统演进的核心动力,而传统建模方法更多关注的是个体的内在属性,这一特性使得复杂适应系统能够应用于存在众多异质性个体、个体之间联系存在共同特征的问题研究领域。

(3)应激性。主体自身存在感应器与执行器,可以对外部环境及时感应,这一特征和之前所说的自主性是一脉相承的。当主体发现自己对环境的预判和环境实际变动存在差异时,能够快速感知这种差异,并及时作出有效的反应。

由此,复杂适应系统的非线性基本特性是主体行为复杂性产生的根源。对复杂适应系统主体行为的认识,可以参考现有的复杂系统研究成果,借助非线性动态分析,理解复杂适应系统更多可能的复杂行为。具体来说,可以借助非线性科学中的非平衡、路径依赖、突变分叉以及混沌现象等原理对复杂适应系统的主体行为进行初步探析。[78]

2.4.3 复杂适应系统的特点

在生物科学和物理科学研究中,复杂适应系统理论得到了较早应用,本书选用该理论作为核心理论工具,其具有以下特点:

(1)强调主体的主动性。复杂适应系统理论将主体主动性视为系统演化的基本动因,从而使得主体主动性或者说适应性成为分析系统宏观功能或现象的基本出发点。这一思路与其他传统方法相比,能够对经济管理等复杂适应系统进行较为准确的描述。

(2)强调主体之间的交互作用。复杂适应系统理论将主体之间(当然也包括由其他主体构成的环境)的交互作用视为推动系统演进的重要力量,即主体之间的作用是产生整体的基础,通常所说的"整体大于它的各部分之和"的含义就是主体之间交互导致的"增值"催生复杂适应系统产生多种多样的行为。从最终结果来看,主体之间的作用强度越大,系统演化就表现得越复杂不定。

(3)实现了宏观和微观的有机联系。复杂适应系统理论通过将主体适应性视为系统整体演化的基础,保证了在实际研究中能将宏观与微观进行统一分析。从复杂系统本质来看,个体具有明显的主动性与适应性,之前的经历或经验会产生固化并对未来行为产生影响,主体运动和变化并不能简单采用传统统计方式进行刻画。复杂适应系统理论能够弥补传统统计方式的缺陷,是一种较为新颖的问题分析视角。

(4)引入了随机因素的作用。传统系统理论中随机因素的引入是通过随机变量的代入实现的,且随机因素仅仅对系统的部分指标带来定量作用,受到随机因素作用的系统只在部分状态参数上产生改变,系统整体的运行规律、内部作用机制并未发生质的改变。而复杂适应系统理论中随机因素的引入,不但带来系统状态的改变,更重要的是随机因素干扰主体的行为表现和内部结构,会导致整体演进过程表现出复杂性和波动性。但这也使得复杂适应系统理论与其他理论相比,更能贴近现实,保证研究结果的真实性和说服力。

综上所述,国家创业系统相关研究已取得具有较高参考与借鉴价值的成果,但微观创业活动至宏观创业现象之间的桥接研究尚需突破;基于计算实验和多主体的整体建模方法日渐成熟,在研究复杂社会系统中的应用日益广泛。因此,运用复杂系统理论来阐释微观创业活动与宏观经济社会现象之间的关联关系,并在国家创业系统概念框架下探讨相关要素及其相互作用机理、系统运行和演化机理等问题已逐渐为学界接受,相关研究方兴未艾。目前,创业系统是"由众多相互作用的参与者组成的集合"已成为学界共识,有关创业系统结构、运行与演进机理等理论问题已取得一定成果,创业系统在欧美发达国家和地区也已逐渐成为制定创业政策的基准,但受制于创业的微观主体中心观及其宏观解释方法论困境,有关国家创业系统的运行机制、演化机理和评价研究尚有待进一步深入。

2.5 本章小结

　　本章是全书研究展开的理论基础。首先,对区域创业系统和国家创业系统等相关概念进行了界定,并对其国内外研究现状进行了描述;其次,由于创业机会是机会驱动型 NSE 的研究抓手,本书对创业机会的概念和类型进行了详细阐述,进一步解释了机会驱动型创业的含义,并就创业机会的发现和构建进行了描述;最后,介绍了复杂适应系统理论,从而为后续机会驱动型 NSE 主体行为复杂适应性的分析奠定了理论基础,同时在经典理论与实际问题之间建立了顺畅的对应关系。

第 3 章　机会驱动型 NSE 理论概述

3.1 机会驱动型 NSE 的概念及其主体

　　借鉴第二章对 NSE 概念和创业机会概念的表述,本研究认为机会驱动型 NSE 是指根植于特定国家/地区宏观制度的自愿发现与构建创业机会的个体层面的创业态度、创业活动与创业意愿的动态相互作用的创业模式。机会驱动型 NSE 是众多相互作用的善于机会发现与构建的主体构成的集合,能使国家/地区资源不断得到优化,创业能力不断提高,进而促进经济发展的系统。

　　机会驱动型 NSE 的相关主体涉及创业主体、高校、科研机构、胜任的人力资源、专业服务商、政府部门等,它们通过自身功能的充分发挥推动创业集群创新发展过程的进行。从功能定位角度来看,创业主体是创业活动的主体;高校、科研机构进行知识传递、创业人才培养等活动,可认为是知识供给的主体;政府部门主要制定创业引导和激励政策,可视为制度供给的主体;胜任的人力资源和专业服务商为创业提供辅助作用,是服务供给的主体。虽然在不同的环境条件下,各主体在机会驱动型 NSE 发展过程中的地位和作用存在较大差异,但是一般性的关系如图 3 - 1 所示:

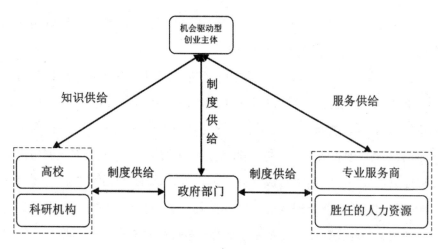

图 3 - 1　机会驱动型 NSE 相关主体之间的关系

（1）创业主体。是机会驱动型 NSE 中起直接作用的行为主体。因此，以创业主体为中心节点的各种网络连接对机会驱动型 NSE 将产生重要影响，这也是本研究的重点之一。机会驱动型创业活动不是简单的线性过程，而是复杂的非线性过程，它不仅包括创业主体自身的创业活动，还包括创业主体与其他主体之间的资源整合与协同。因此，在机会驱动型 NSE 的创业网络中，以创业主体为中心所产生的知识、人才、资金和技术等的快速流动，不仅加快了创业资源的快速聚合，同时给创业主体带来了新的创业机会和创业行为。

（2）高校和科研机构。作为知识供给主体，高校和科研机构不仅为创业主体提供创业相关知识和技术，还为系统内创业活动提供充足的知识和技能资源。高校和科研机构的教育与研发活动增加了知识存量，拓展了知识范围，从而为识别和开发更多的创业机会提供了可能。此外，高校和科研机构培训的各类创业人才对集群内人才的集聚具有重要的推动作用。从教育部《关于大力推进高等学校创新创业教育和大学生自主创业工作的意见》教办发〔2010〕3 号，以及国务院办公厅《关于深化高等学校创新创业教育改革的实施意见》国办发〔2015〕36 号等文件中可以发现,高校和科研机构在创业过程中所发挥的作用是巨大的。

(3)政府部门。作为制度供给主体,政府部门主要指国家或地区政府和公共部门,主要是为机会驱动型 NSE 的知识、人才、资金、信息等资源的传递创造优质的环境,进而加速主体之间交互合作的效率。政府部门在促进机会驱动型 NSE 创业网络形成与演化、改善创业网络运行、增强创业网络内信任程度以及减少创业网络形成障碍等方面发挥着重要作用。因此,政府在机会驱动型创业集群的创业过程中发挥着桥梁的作用,如通过制定促进创业活动相关的税收、融资、人才等方面的政策以构建有利于机会型创业活动开展的良好环境,如此就能更好地引导协助参与创业的主体更好地分享创业资源。

(4)服务机构。作为服务供给主体,服务机构主要是为创业主体提供人才、信息、专业知识和资金服务等的人力服务机构和专业服务提供商,包括专业人力资源服务机构、各类行业协会、商会、企业家协会、律师事务所、会计事务所、风险投资机构和银行等。服务机构虽然不会持续参与创业活动,但却是创业活动中不可缺少的主体,能够推动机会型创业主体更有效地利用和整合资源,进而形成有效并持续的创业活动。例如,专业的人力资源服务机构为创业组织提供人力资源、进行人员培训,这有效提升了人才资源利用的效率;各类商会、企业家协会为创业主体提供了各类创业信息,为创业主体实现高效的社会网络提供了支持;专业服务提供商不仅为创业主体提供了降低创业风险和创业成本的可能,还带来了资金支持,并通过资金市场激活了更多的创业资源。由此可知,服务机构理应被视为机会驱动型 NSE 的主体之一。

3.2 机会驱动型 NSE 的理论结构

3.2.1 机会驱动型 NSE 的构成要素

根据研究发现,一般认为创业系统构成要素至少应包括高校和研发机构(universities and R&D institutions)、胜任的人力资源(qualified human resources)、正式和非正式网络(formal and informal networks)、各级政府(governments)、天使投资者和风险资本家(angel investors and venture capitalists)、专业服务提供商(professional service),以及开放和动态地联系这些要素的进取性文化(enterprising culture)(Davidsson,1995)。[79]覃睿等(2013)提出,国家创业系统还应包括创业事件、创业企业发起人、创业事件推动者、市场规模和早期客户、法规政策、行业结构、物理基础设施、城镇化、创业机会等。其中,各级政府承担着公共行政管理职能;正式和非正式网络为创业主体提供社会资本;进取性文化可描述为创业文化。[34]本研究依据机会驱动型 NSE 的定义,在原 NSE 要素的基础上,对部分要素进行删改后获得以下要素:

N1:创业事件(Entrepreneur event)。基于创业机会发现进路,创业主体发现创业机会是通过聚焦事件一步一步深入分析事件特征,探索、聚类与筛选相关因素的结果,而这些结果将随着事件对创业主体的创业实践形成明显的影响,这对于塑造发现创业机会具有重要的作用。(斯晓夫等,2016;McKeever 等,2015;Jasjiewicz,2015)。[54,80,81]

N2:创业主体(Entrepreneur)。是指具有创业机会识别能力,并且愿意冒险进行主动实践的人(Isenberg,2011;Johannisson 和 Nilsson,1989;覃睿,2013)。[9,82,34]机会驱动型国家创业系统的品质和能力取决于能勇于发现创业机会、具有创业经验和潜能的机会型创业主体的数量。

N3:社会网络(Social network)。主要包括创业主体人际关系网、人才流动迁移网、知识与技术传播网,以及各种与创业相关的参与者(如高校和研究机构、专业和支持性服务提供商、资金提供者等)间的协作网等正式和非正式网络(Malecki,1997;Foss,1991;Neck 等,2004;Cohen,2006;Isenberg,2011;Birley,1985)。[83、84、6、85、9、86]潜在机会型创业主体要发起创业时,在识别创业机会后,会主动构建社会网络以获得支持,且现有的社会网络又会有助于潜在机会型创业主体发现或构建创业机会,从而开始创业活动。

N4:高校(University)。高等教育在创业系统发展中扮演着重要角色已被很多研究所证实(Cohen,2006),[85]高校主要培养创业所需的人力资源(Bruno 和 Tybejee,1982;Neck 等,2004;Isenberg,2011;Zanios,2007),并为潜在创业主体提供知识和能力。[87、6、9、88]

N5:科研机构(Research institution)。科研机构主要承担基础研究工作,为关键事件的发展与演替以及潜在创业主体提供创业所需的初级科研成果。

N6:胜任的人力资本(Qualified human capital)。对于创业系统的成功是关键因素(Neck 等,2004;Cohen,2006;Isenberg,2011;Acs 等,2012)。[6、85、9、89]人力资本不仅能通过提供所需非正式资金和网络联系等对创业产生积极的影响,而且还是创业活动所需的潜在雇员。

N7:专业服务提供商(Professional service provider)。主要包括法律、会计、投资银行、技术专家、商务咨询者等(Isenberg,2011)。[9]作为机会型国家创业系统重要参与者,其在创业过程中通过交易提供服务(Lichtenstein 和Lyons,2001)。[5]

N8:市场规模和客户基础(market size & customers foundation)。国内和出口市场规模直接影响到创业主体对创业机会的识别。另外,机会型创业一般是在创业主体拥有稳定经济基础之后开始的,并且多从所熟悉或擅长的领域开始,因此其客户基础为创业主体发现并构建创业机会提供了重要的支撑作用,是机会型国家创业系统中重要组成部分(Isenberg,2011)。[9]

N9：公共行政管理（Public administration）。公开透明且简洁的行政程序有利于创业事件的开展,政府清廉与否会影响到潜在创业主体如何看待创业主体以及是否选择从事创业。因此,清廉的政府和简洁的行政程序有利于创业文化的形成,也有利于形成公平、公正、透明的创业环境。

N10：创业文化和氛围（Entrepreneurial culture & Atmosphere ）。包括容忍冒险、差错和失败,肯定并勇于创新、创造和试验,创业主体享有较高的社会地位和荣誉,流传着创业成功的故事,具有创业抱负、动力和欲望等（Spilling,1996;Isenberg,2011）。[4,9]创业文化和氛围不仅影响着创业事件的发生与演替以及潜在创业主体是否能发现并构建创业机会,而且会影响风险投资、天使资金等创业资本市场的发展。

N11：法规制度（law, regulatory & policy）。机会型创业受到法规制度政策激励和约束（斯晓夫等,2016）,主要包括破产法、合同法、知识产权法等法规,以及公共研发经费支出、创业资金支持、税收减免等激励创业的政策。[54]鼓励创业的法规制度有利于潜在创业主体发现、构建创业机会,推动创业互动,而且会通过促进创业中介机构和物理基础设施的发展以及为研发机构提供研发资金而间接促进创业的发展。

N12：基础设施（Physical infrastructure）。包括通信设施、互联网、交通和物流、能源以及企业孵化中心、产业聚集区和经济区等（Isenberg,2011）。[9]优秀的物理基础设施有利于创业活动的进行以及潜在创业机会的发现和构建。

N13：投融资市场（Financial capital）。包括天使投资者、风险资本家、公共投资市场、小额贷款公司、私募股权融资等（ Isenberg,2011）。[9]主要为创业主体或创业企业提供启动和发展所需资金。

N14：行业结构（Business structure）。作为重要的创业要素,行业结构不仅决定创业机会多少,而且多样化的行业结构对创业绩效有关键作用（Spilling,1996）。[4]另外,单一的行业结构意味着产品同质化,会导致激烈竞争,进而阻碍创业企业的生存和发展。

N15：创业机会（Entrepreneurial opportunities）。创业主体之所以进行创业是因为有创业机会，创业机会的产生不仅取决于一国的行业结构、研发水平，而且创业的成功还会创造新的创业机会。此外，创业机会能否转化为创业活动，又取决于创业主体的机会识别能力（Spilling，1996）。[4]

通过选择若干初创企业、创业家、孵化器、科技园区进行深度访谈，从政府机关、国家级孵化器、初创企业、风险投资机构、成长性较好的大中型企业等机构邀请遴选 10—12 位专家采用德尔菲法对要素之间的相互影响关系和影响强度使用李克特 5 点计分法。据此，得出机会驱动型 NSE15 个构成要素间的相互影响关系（见表 3 – 1）及其强度矩阵 X，$X = \{x_{ij}\}$（见表 3 – 2）。

表 3 – 1　机会驱动型 NSE 各要素的相互影响关系

要素	影响要素	要素	影响要素
N1 创业事件	N2,N15	N9 公共行政管理	N2,N10
N2 创业主体	N3,N10	N10 创业文化与氛围	N1,N2,N3,N13
N3 社会网络	N1,N2,N15	N11 法规制度	N1,N2,N3,N5,N7,N12,N13,N15
N4 高校	N2,N6	N12 基础设施	N1,N2,N3,N4
N5 科研机构	N1,N2	N13 投融资市场	N1,N2
N6 人力资本	N1,N2,N3,N7	N14 行业结构	N1,N15
N7 专业服务提供商	N1,N2	N15 创业机会	N1,N2
N8 市场规模与客户基础	N1,N2,N3,N15		

表 3 – 2　机会驱动型 NSE 各要素的强度矩阵

	N1	N2	N3	N4	N5	N6	N7	N8	N9	N10	N11	N12	N13	N14	N15
N1	1	1													1
N2		1	1						1						

续表

	N1	N2	N3	N4	N5	N6	N7	N8	N9	N10	N11	N12	N13	N14	N15
N3	1	1	1												1
N4		1		1		1									
N5	1	1			1										
N6	1	1				1	1								
N7	1	1					1								
N8	1	1	1					1							1
N9		1							1	1					
N10	1	1	1						1			1			
N11	1	1	1		1		1				1	1	1		1
N12	1	1	1	1								1			
N13	1												1		
N14	1													1	1
N15	1	1													1

3.2.2 机会驱动型 NSE 的解释结构模型

(1)解释结构模型

解释结构模型方法(Interpretative Structural Modeling Method,简称为 ISM 法)是一种分析系统结构的方法。它可将系统单元之间复杂、凌乱的关系分解成清晰的、多级递阶的结构形式。只要是系统,就必然有结构,且系统的结构决定系统功能,因此在研究由大量要素组成的、各要素之间又存在相互关系的系统之前,必须了解系统的结构。[90]

20 世纪 70 年代以来,ISM 在很多领域得到了广泛应用,原因在于其结果直观、清晰明了,ISM 于静态的定性模型,基本思想是通过一些基本假设和有向图、布尔矩阵的运算,得到可达矩阵;然后再通过人-机结合,分解可达矩阵,使复杂的系统分解成多级递阶结构形式。建立系统的层级结构模型是 ISM 技术的核心内容。

ISM 方法的实施步骤如下:

第 1 步:找出影响系统问题的主要因素,通过方格图判断要素间的直接(相邻)影响关系;

第 2 步:考虑因果等关系的传递性,建立反映诸要素间关系的可达矩阵(该类矩阵属反映逻辑关系的布尔矩阵);

第 3 步:考虑要素间可能存在的强连接(相互影响)关系,仅保留其中的代表要素,形成可达矩阵的缩减矩阵;

第 4 步:缩减矩阵的层次化处理;

第 5 步:作出多级递阶有向图;

第 6 步:经直接转换,建立解释结构模型。

(2)机会驱动型 NSE 的层次结构分析

按照 ISM(解释结构模型)的工作程序,首先,选择机会驱动型 NSE 的构成要素及其相互关系;其次是构思模型,建立要素邻接矩阵和可达矩阵;然后对可达矩阵进行分解后建立系统的结构模型;最后建立机会驱动型 NSE 的解释结构模型。因此,基于表 3 - 1 所示的机会驱动型 NSE 的要素及其相互关系,根据以下法则,构建其解释结构模型用以阐述机会驱动型 NSE 的内部结构。

(a)建立邻接矩阵

邻接矩阵的建立遵循如下法则:如果 A_i 与 A_j 有关,而 A_j 和 A_i 无关,则 A_{ij} 赋值为"1",A_{ji} 赋值为"0";如果 A_i 与 A_j 互有关系,即形成回路。由于机会驱动型 NSE 的要素为 15 个,因此 $i,j \in [1,15]$,由此获得机会驱动型 NSE 构成要素 N_i 的影响要素 N_j,建立机会驱动型 NSE 邻接矩阵 N。

邻接矩阵 N =

	N1	N2	N3	N4	N5	N6	N7	N8	N9	N10	N11	N12	N13	N14	N15
N1	0	1	0	0	0	0	0	0	0	0	0	0	0	0	1
N2	0	0	1	0	0	0	0	0	0	1	0	0	0	0	0
N3	1	1	0	0	0	0	0	0	0	0	0	0	0	0	1
N4	0	1	0	0	0	1	0	0	0	0	0	0	0	0	0
N5	1	1	0	0	0	0	0	0	0	0	0	0	0	0	0
N6	1	1	1	0	0	0	1	0	0	0	0	0	0	0	0
N7	1	1	0	0	0	0	0	0	0	0	0	0	0	0	0
N8	1	1	1	0	0	0	0	0	0	0	0	0	0	0	1
N9	0	1	0	0	0	0	0	0	0	1	0	0	0	0	0
N10	1	1	1	0	0	0	0	0	0	0	0	0	1	0	0
N11	1	1	1	0	1	0	1	0	0	0	0	1	1	0	1
N12	1	1	1	1	0	0	0	0	0	0	0	0	0	0	0
N13	1	1	0	0	0	0	0	0	0	0	0	0	0	0	0
N14	1	0	0	0	0	0	0	0	0	0	0	0	0	0	1
N15	1	1	0	0	0	0	0	0	0	0	0	0	0	0	0

（b）识别矩阵的强连通分量并缩减矩阵

强连通分量是指在有向图中顶点间能互相到达的子图,而如果一个强连通分量已经没有被其它强连通分量完全包含的话,那么这个强连通分量就是极大强连通分量。基于 Gabow 算法,本研究求出了矩阵 N 的强连通分量为 N1 + N2 + N3 + N10 + N13 + N15,见着色矩阵 NS。

NS =

	N1	N2	N3	N10	N13	N15	N7	N6	N4	N5	N8	N9	N12	N11	N14
N1	0	1	0	0	0	1	0	0	0	0	0	0	0	0	0
N2	0	0	1	1	0	0	0	0	0	0	0	0	0	0	0
N3	1	1	0	0	0	1	0	0	0	0	0	0	0	0	0
N10	1	1	1	0	1	0	0	0	0	0	0	0	0	0	0
N13	1	1	0	0	0	0	0	0	0	0	0	0	0	0	0
N15	1	1	0	0	0	0	0	0	0	0	0	0	0	0	0
N7	1	1	0	0	0	0	0	0	0	0	0	0	0	0	0
N6	1	1	1	0	0	0	1	0	0	0	0	0	0	0	0
N4	0	1	0	0	0	0	0	1	0	0	0	0	0	0	0
N5	1	1	0	0	0	0	0	0	0	0	0	0	0	0	0
N8	1	1	1	0	0	1	0	0	0	0	0	0	0	0	0
N9	0	1	0	1	0	0	0	0	0	0	0	0	0	0	0
N12	1	1	1	0	0	0	0	0	1	0	0	0	0	0	0
N11	1	1	1	0	1	1	1	0	0	1	0	0	1	0	0
N14	1	0	0	0	0	1	0	0	0	0	0	0	0	0	0

由于矩阵存在环路,因此需对环路进行缩减,由此通过缩点运算获得缩减矩阵 N'。

$$N' = \begin{array}{r|ccccccccc} & \text{N1+N2+N3+N10+N13+N15} & \text{N4} & \text{N5} & \text{N6} & \text{N7} & \text{N8} & \text{N9} & \text{N11} & \text{N12} & \text{N14} \\ \text{N1+N2+N3+N10+N13+N15} & 1 & 0 & 0 & 0 & 0 & 0 & 0 & 0 & 0 & 0 \\ \text{N4} & 1 & 0 & 0 & 1 & 0 & 0 & 0 & 0 & 0 & 0 \\ \text{N5} & 1 & 0 & 0 & 0 & 0 & 0 & 0 & 0 & 0 & 0 \\ \text{N6} & 1 & 0 & 0 & 0 & 1 & 0 & 0 & 0 & 0 & 0 \\ \text{N7} & 1 & 0 & 0 & 0 & 0 & 0 & 0 & 0 & 0 & 0 \\ \text{N8} & 1 & 0 & 0 & 0 & 0 & 0 & 0 & 0 & 0 & 0 \\ \text{N9} & 1 & 0 & 0 & 0 & 0 & 0 & 0 & 0 & 0 & 0 \\ \text{N11} & 1 & 0 & 1 & 0 & 1 & 0 & 0 & 0 & 1 & 0 \\ \text{N12} & 1 & 1 & 0 & 0 & 0 & 0 & 0 & 0 & 0 & 0 \\ \text{N14} & 1 & 0 & 0 & 0 & 0 & 0 & 0 & 0 & 0 & 0 \end{array}$$

(c)求解可达矩阵和骨架矩阵

可达矩阵 M 的建立方法为:将邻接矩阵 N 加上单位矩阵 I,并按照布尔矩阵运算法则对(N+I)经过至多(n-1)次自乘演算后就能得到可达矩阵 M,其中 n 为矩阵阶数。缩点后的矩阵 N' 有 10 个元素,因此 N+I 至多经过 9 次自乘演算就可得到可达矩阵。在本研究中,N+I 经过了 4 次自乘演算就得到了可达矩阵 M。

$$M = \begin{array}{r|ccccccccc} & \text{N1+N2+N3+N10+N13+N15} & \text{N4} & \text{N5} & \text{N6} & \text{N7} & \text{N8} & \text{N9} & \text{N11} & \text{N12} & \text{N14} \\ \text{N1+N2+N3+N10+N13+N15} & 1 & 0 & 0 & 0 & 0 & 0 & 0 & 0 & 0 & 0 \\ \text{N4} & 1 & 1 & 0 & 1 & 1 & 0 & 0 & 0 & 0 & 0 \\ \text{N5} & 1 & 0 & 1 & 0 & 0 & 0 & 0 & 0 & 0 & 0 \\ \text{N6} & 1 & 0 & 0 & 1 & 1 & 0 & 0 & 0 & 0 & 0 \\ \text{N7} & 1 & 0 & 0 & 0 & 1 & 0 & 0 & 0 & 0 & 0 \\ \text{N8} & 1 & 0 & 0 & 0 & 0 & 1 & 0 & 0 & 0 & 0 \\ \text{N9} & 1 & 0 & 0 & 0 & 0 & 0 & 1 & 0 & 0 & 0 \\ \text{N11} & 1 & 1 & 1 & 1 & 1 & 0 & 0 & 1 & 1 & 0 \\ \text{N12} & 1 & 1 & 0 & 1 & 1 & 0 & 0 & 0 & 1 & 0 \\ \text{N14} & 1 & 0 & 0 & 0 & 0 & 0 & 0 & 0 & 0 & 1 \end{array}$$

基于可达矩阵 M,提取出 M 矩阵的骨架矩阵 M'。具体法则为:首先将 M 中已具有邻接二元关系的要素间的超级二元关系去掉,然后去掉 M 中自身到达的二元关系,即减去单位矩阵,即可达到简化后具有最小二元关系个数的骨架矩阵 M'。

$$M' = \begin{array}{r|ccccccccc} & \text{N1+N2+N3+N10+N13+N15} & \text{N4} & \text{N5} & \text{N6} & \text{N7} & \text{N8} & \text{N9} & \text{N11} & \text{N12} & \text{N14} \\ \text{N1+N2+N3+N10+N13+N15} & 0 & 0 & 0 & 0 & 0 & 0 & 0 & 0 & 0 & 0 \\ \text{N4} & 0 & 0 & 0 & 1 & 0 & 0 & 0 & 0 & 0 & 0 \\ \text{N5} & 1 & 0 & 0 & 0 & 0 & 0 & 0 & 0 & 0 & 0 \\ \text{N6} & 0 & 0 & 0 & 0 & 1 & 0 & 0 & 0 & 0 & 0 \\ \text{N7} & 1 & 0 & 0 & 0 & 0 & 0 & 0 & 0 & 0 & 0 \\ \text{N8} & 1 & 0 & 0 & 0 & 0 & 0 & 0 & 0 & 0 & 0 \\ \text{N9} & 1 & 0 & 0 & 0 & 0 & 0 & 0 & 0 & 0 & 0 \\ \text{N11} & 0 & 0 & 1 & 0 & 0 & 0 & 0 & 0 & 1 & 0 \\ \text{N12} & 0 & 1 & 0 & 0 & 0 & 0 & 0 & 0 & 0 & 0 \\ \text{N14} & 1 & 0 & 0 & 0 & 0 & 0 & 0 & 0 & 0 & 0 \end{array}$$

(d)构建机会驱动型 NSE 的结构层次

根据骨架矩阵 M' 绘制机会驱动型 NSE 的基本层次结构(见图 3-1)。

由图 3 - 2 可知,机会驱动型 NSE 的最终目标直接取决于创业事件(N1),创业主体(N2),社会网络(N3),创业文化与氛围(N10),投融资市场(N13)和创业机会(N15)等构成的强连接。市场规模与客户基础(N8),公共行政管理(N9),法规制度(N11)和行业结构(N14)没有先行要素,属于机会驱动型NSE 中的最基础要素。

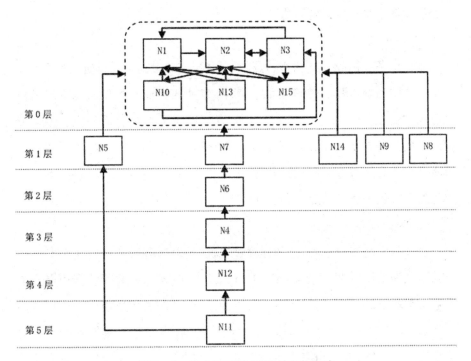

图 3 - 2　机会驱动型 NSE 的结构层次

3.2.3 机会驱动型 NSE 的基本结构

尽管机会驱动型 NSE 的各构成要素(见图 3 - 2)对国家宏观层面创业发展发挥着直接或间接影响,但它们在系统中的作用和影响范围有所差异。因此,机会驱动型 NSE 分别由核心要素、中介要素和基础要素组成。

（1）核心要素

创业事件、创业主体、社会网络、创业文化与氛围、投融资市场和创业机会六个要素构成了机会驱动型 NSE 的"强连通块"。它们是机会驱动型 NSE 的核心要素，互相影响并互相依赖。这些要素的状态、发展水平和相互作用强度直接决定了一国宏观层面的机会驱动型创业的发展，进而影响着一国的经济发展水平和国际竞争力。

（2）中介要素

专业服务提供商、胜任的人力资本、高校、基础设施以及科研机构 5 个要素是机会驱动型 NSE 的中介要素。其中，专业服务商和科研机构直接为机会驱动型创业提供了创业资源与能力，直接影响了宏观层面的机会型创业模式。而完备的基础设施建设促进了高校的不断发展，这便为优质的人力资本提供了直接服务，胜任的人力资本又直接输入专业服务提供商，为机会驱动型创业提供优质的建议和意见。

（3）基础要素

市场规模与客户基础、公共行政管理、法规制度和行业结构 4 个要素在机会驱动型 NSE 中发挥着基础性作用。其中，清廉的公共行政管理提升了创业文化的发展，并促进了社会部门的变革；而良好的市场规模和客户基础以及清晰的行业结构是机会驱动型创业的基础，推动创业主体社会网络的不断增强，并不断发现和构建创业机会，支持创业发展。法规制度作为该系统的最基础要素，无疑对各要素都产生了影响。它对基础设施和研发机构有直接的作用，这是由于机会驱动型创业主体更注重"自愿"和"发现与构建"，强大的基础设施为"善于发现与构建机会"变成了可能，强大的研发机构推动了机会驱动型国家创业系统不断整合、优化资源，创业能力得以提升，经济发展得以促进。

3.3 机会驱动型 NSE 的复杂适应性特征

在对机会驱动型 NSE 结构分析的基础上,本书认为机会驱动型 NSE 是一个复杂的,各要素之间不断交互并且互相适应的系统。因此,研究的起点是对机会驱动型 NSE 的复杂适应性特征的论证,具体包括基本属性、演化过程和主体行为三个方面。

3.3.1 机会驱动型 NSE 的基本属性特征

(1)聚集

创业活动的开展,其基本条件是以创业事件、创业主体、社会网络、创业文化与氛围、投融资市场和创业机会六要素为核心资源的微观要素集聚,以专业服务提供商、胜任的人力资本、高校、基础设施以及研发机构五要素为中介资源的中观要素集聚,以及以市场规模与客户基础、公共行政管理、法规制度和行业结构四要素为基础资源的宏观要素集聚。总体来说,机会驱动型 NSE 是通过宏观、中观和微观层面,为了高效创业活动的开展而构成的异质性主体聚集体,可将其视为复杂适应系统中主体与主体的关系,同时主体都具有适应性和主动性。需要特别指出的是,从复杂适应系统的角度来看,机会驱动型 NSE 中既不存在脱离整体和环境的个体,也不存在抽象且凌驾于个体之上的整体。因此,机会驱动型 NSE 的形成并非零散的个体的随意拼凑,而是为了获得整体大于部分之和的优势,促进主体之间凭借交互作用的"增值"。因此,在整个机会驱动型 NSE 的演化过程中,一个最显著的特征是,初期只存在散落的少量的机会型创业主体,之后伴随着其他创业主体的涌入和各类资源的进入,最终形成了以创业主体为聚集的国家创业系统。

(2)非线性

如果要成为复杂系统,黄欣荣(2011)认为要素之间必须包含线性和非线性的复杂动态交互作用,只有非线性交互作用才能促进生成非加和效果和复杂的强涌现现象。[91]机会驱动型 NSE 的发展过程中便伴随着多种非线性作用:

一是创业主体存在差异。不同的机会型创业主体的创业经验不同,其所在行业和组织管理形式不同,其决策方式和创业行为也会存在异同。

二是创业主体之间的复杂适应行为。复杂适应系统中的环境实质是由其他主体组成的,系统中所有主体自身都具有适应性和动态性,则由主体构成的环境当然会存在很多随机干扰因素,导致不同主体的适应发展路径存在差异。机会驱动型 NSE 中的不同创业主体不仅之间存在复杂的竞合关系,同样也受到政策、法律、市场等环境的相互影响,因此这是一个尤为复杂的系统。

三是创业主体的群体性作用。在机会驱动型 NSE 中,创业主体是组成其系统的基本构成单位,当上升到聚集体层面,聚集体的系统构成已经不再是分散的创业主体,实质上可以视为是具有创业意愿和能够识别与构建创业机会的群体,他们行为的产生、发展和变化受到系统内各类各层因素的影响,其复杂程度会提高。

四是聚集体中不确定因素的影响。综合上述分析过程可知,机会驱动型 NSE 聚集体中产生的随机干扰因素种类多样、作用各异,使得聚集体的演化表现出明显的时间不对称和不可逆特征,最终表现出的演化趋势复杂程度较高,上述不确定和不可预见特性使得聚集体产生非线性。在上述分析条件之下,传统线性的简单因果关系已经无法对问题作出准确刻画。通过非线性的关系影响,机会驱动型 NSE 这种组织形式能够产生非常明显的竞争优势,进而形成涌现现象,推动创业集群自身持续演进。

(3)流

机会驱动型 NSE 是以资源流通为基础的,系统主体之间拥有持久的创业资源交流,系统内不同层次之间也存在资源流通,这两种不同维度的资源交流路径对机会驱动型 NSE 的机会生成、主体行为和创业绩效存在显著作用:首先,通过创业资源流动推动创业主体静态平衡转化为非平衡状态,引起创业机会的生成,进而产生创业网络演进现象;其次,不同种类创业资源的构成和功能存在差异,它们的顺利流动促进创业主体识别或生成创业机会的次数,甚至带来乘数效应和再循环效果;再次,创业资源的流动帮助创业主体不断通过交流和学习的方式对创业机会的发现和创造能力进行补充,在知识积累的同时,还会产生知识溢出和涌现效应,为创业主体开发新的创业机会作出了充分的准备。因此,在机会驱动型 NSE 中,创业机会、创业网络、创业资源等通过流动实现创业绩效,可见,流动在提高机会驱动型 NSE 创业主体的整体创业能力具有显著的意义。

(4)多样性

首先,机会驱动型 NSE 的创业主体来自于各行各业,因此其创业种类具有多样性。其次,从系统内部层面来看,创业主体的资源集聚能力和机会识别与开发能力的差异会伴随着机会驱动型 NSE 的演化而表现出多样性,体现在:①创业主体的多样性。机会驱动型 NSE 的创业主体虽然同处于一个创业系统中,但他们的创业知识和能力的储备必然存在多样性。②创业主体交互方式的多样性。由于不同创业情境下的创业主体对创业资源的要求和创业机会识别与开发的方式不同,因此当与系统内其他要素进行交互时,会使其在适应进化过程中存在交互方式的多样性。③创业环境的多样性。在机会驱动型 NSE 中,适应性主体的创业环境实质就是系统中介要素和基础要素的组成,创业主体、创业资源和创业机会的异质性必然推动了创业环境的多样性,而创业主体自身的适应性和交互方式的多样性也加剧了创业环境的复杂性。

(5)标识

在机会驱动型 NSE 中,促使系统主体产生联系的创业知识、市场环境和制度政策等都可以归结为标识,零散主体借助标识完成聚集。总体来看,对创业主体能够产生粘着作用的标识共有三种：知识标识——面向机会型创业的科学知识，具体形式为高校、科研机构以及创业服务机构主导的创业创新聚集机制；市场标识——激发机会型创业的市场需求，市场需求的产生推动创业主体识别或开发新的创业机会，进而促使创业主体不断寻求创业资源，与其他系统主体进行交互合作，实现资源互补，产生以市场为导向的创业聚集体；政策标识——面向机会型创业的激励保障政策，政府制定创业鼓励政策，同时在资金、税收等方面出台配套措施，此类政策措施能够引导创业主体通过与其他主体的交互结成聚集体，政策标识在其中产生了非常重要的作用。单一主体同样存在机制性标识，例如主体自身的技术优势、独特资源等，都是其他主体进行识别和选择的判定标准。

(6)内部模型

由于创业是识别机会和开发机会的动态过程，因此机会开发对创业结果有关键影响(刘佳等，2013)。[61]机会驱动型 NSE 内的创业主体受到外界刺激之后产生不断调整创业机会识别和开发的适应性行为，经过调节自身结构提高自身适应度，因此带来的结构改变称之为内部模型。从复杂适应系统视角来看，每一次创业聚集体引发的创业机会识别与开发模式的改变，都是创业主体受到外界刺激之后主动进行适应性调节，通过内部结构改变重新建立内部模型的过程。微观层面的单一主体同样具备内部模型机制，主体在按照创新聚集体发展需要调整的同时，还要实现自身功能，为了能够保证不同层次创业目标的顺利实现，需要主体从自身的资源、知识等方面入手进行资源统筹方式的调整，这样就会导致主体在适应性行为过程中产生自身的内部模型。

(7)积木

在机会驱动型 NSE 中，可以将创业主体、高校和科研机构等视为"积木"，整个系统就是由这些"积木"构成的，处在不同地位的积木产生的影响作用不同，同时主体本身也可视为由一些中层和基层积木构成。霍兰指出，在复杂适应系统中,不能将积木的内涵限制在物理学概念中,而是在产生变化之后,经过反应采取适宜的行为,实现对"经过检验的积木"的有效组合。在机会驱动型 NSE 中,非物理概念的积木指的是创业活动可能包含的多种要素,需要充分挖掘"经过检验的积木"的内在功能作用,探究对多种积木的复杂组合形式:一是不同主体主导的积木机制。具备资源优势的某些主体会从自身需求出发,引导创业的发生进而组成聚集体,包括主动型创业和引导型创业等模式。二是不同标识作用的积木机制。例如,通过知识标识的作用,产生基于机会识别的创业和基于机会开发的创业模式;通过市场标识作用,产生基于创新型机会开发的创业和基于模仿型机会开发的创业等模式。三是不同环境作用的积木机制。在机会驱动型 NSE 成长、发展的不同阶段,由于市场和政府的交互作用,系统自身的积木机制也处于动态变化中,从而产生各种新型组合方式。此外,聚集体中如果上一层次积木发生改变,下一层次直到主体自身层次的积木,在整体功能需求变化作用之下也会产生改变。产业集群创新系统持续演化的实现,实质就是原有积木块对环境形势变化作出反应,经过重新调整以保证创新的延续性。

从上述七个方面可知,机会驱动型 NSE 的本质是一类复杂适应系统,自身具备复杂适应系统的属性要素,同时也是一类具有生命力的生态系统,而不是简单固定的机械系统。

3.3.2 机会驱动型 NSE 的演化过程特征

机会驱动型 NSE 的演化过程和该系统内主体创业过程,均与生物体成长过程类似,具有生命周期特征。因此,结合复杂适应系统的演化阶段,可将机会驱动型 NSE 的演化阶段分为以下内容:

(1)萌芽期-聚集阶段

从复杂适应系统视角来看,这一时期,各类主体为了更好地适应环境,开始聚集成更高一级的聚集体。虽然是创业系统形成的一个步骤,但是通过保证主体之间的良性互动,营造积极的创业氛围,最终能促成创业创新成果的产生。

这一时期的机会驱动型 NSE 呈现的特点是:结构单一,创业主体与系统主体之间均较独立,还未形成合作,创业机会的识别或开发均仅依赖于创业主体自身,且各种创业资源依然停留在各系统主体内部,或仅依靠政府政策相连接,交互频率低,实施效果差(如图 3-3 所示)。

图 3-3 机会驱动型 NSE 萌芽期的内部结构

(2)成长期-互动阶段

如果机会驱动型 NSE 的发展只停留在集聚阶段,那么随着系统规模的扩张,创业机会难寻,创业成本增加,这样会导致一些创业主体退出当前领域,现有区域会出现创业动力不足或创新能力受阻,最终走向衰落。要保证机会驱动型 NSE 的健康持续演化,主体之间的良性互动必不可少,只有借助知识交流、资源集聚才能推动创业机会的出现,进而推动创业活动的不断进行。所以经过集聚阶段的发展,各个主体或聚集体之间要进行合作互动,同时主体根据交互情况反馈随时改变自身行为,这一过程中的知识交流和资源集聚为创业打下了基础。

这一时期机会驱动型 NSE 呈现以下特点:主体之间合作行为不断增多。伴随着机会驱动型 NSE 发展到成长期,机会的识别或开发频率的提升使得创业主体很难独立进行创业活动,即主体自身的知识积累和资源积累难以实现,这就推动创业主体开始寻求与其他系统主体的合作模式进行创业机会的识别或开发,且参与到这一模式中的系统主体数量将越来越多。此时,以高校和科研机构为代表的知识供给主体成为了机会驱动型 NSE 的一部分。创业主体在与高校和科研机构进行互动合作的过程中,逐步掌握并完善了创业机会识别和开发的相关能力,促进了创业机会的快速显现和创业绩效的提升(如图 3 - 4 所示)。

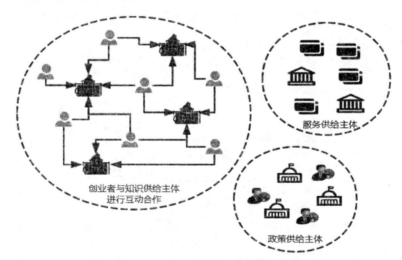

图 3 - 4　机会驱动型 NSE 成长期的内部结构

(3)成熟期-网络阶段

机会驱动型 NSE 的主体通过持续的多种形式交互合作,相互联系逐渐稳固并形成网络结构形式,促使主体之间的知识、信息和资源交流效率进一步提高。同时,机会驱动型 NSE 系统内的创业主体也借助这一渠道获得更多信息,促进了创业机会的快速获得,以及创业主体自身的快速成长。

这一时期的机会驱动型 NSE 具有以下特点:一是形成完整的创业网络。伴随着创业模式的多样化,从降低创业风险和提高创业效率角度考虑,创业的专业化分工更加明显;创业机会增多、创业周期缩短促使系统主体在持续的交互合作过程中组成共生体,也就是创业网络。二是主体多元化。更多类型的主体进入到机会驱动型 NSE 中,除成长期就已进入的以高校和科研机构为主的知识供给主体之外,以政府和公共部门为主体的政策供给主体在创业活动中的影响效果逐步显现,除了提供创业所需的公共服务产品之外,还会出台相关创业政策,加速创业创新活动的扩散;主体多元化使得创业的社会协同关系复杂性凸显,创业服务的社会化需求持续提升,从而催生出以专业金融、法律等服务机构为主的服务供给主体。总之,参与机会驱动型 NSE 的各种类型主体通过复杂的交互合作过程,构建了畅通的交流沟通渠道,形成了稳固的正式或非正式关系(如图 3-5 所示)。

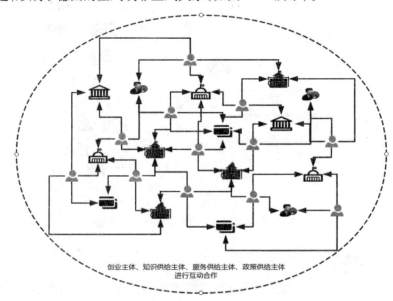

图 3-5 机会驱动型 NSE 成熟期的内部结构

3.3.3 机会驱动型 NSE 的主体行为特征

本书认为机会驱动型 NSE 是一个复杂适应系统,因此在该系统内集聚的主体均具有复杂适应系统特征,包括:

(1)主体行为具有非平衡性

机会驱动型 NSE 是一个开放系统,在与外部环境进行物质、能量、信息的沟通传递过程中,系统自身和创业相关的结构与功能依据外界条件的改变而发生适应性变化,导致系统自身发展的有序性。究其原因,机会驱动型 NSE 的模式结构和外界影响因素之间存在连续的非线性交互影响,引起机会驱动型 NSE 及其组成部分呈现持续的波动或震荡,从而导致涨落效应发生,促成机会驱动型 NSE 主体行为的发生。例如,由于机会驱动型 NSE 内部主体之间的协同竞争机制影响,系统首先会从无序混乱发展到有序状态,但是外部环境的变动往往又使得这种有序结构解散,当外部干扰条件被限制后,系统会重新发展到新的有序状态。机会驱动型 NSE 创业过程就是通过与外界环境的物质、能量和信息交换,从无序混沌发展到有序结构再到无序,这是一种非常典型的往复循环过程。

(2)主体行为的路径依赖性

机会驱动型 NSE 演化过程中随机因素和确定因素并存、偶然因素和必然因素并存,而时间的不可逆性引起系统发展的路径依赖性。远离平衡态的机会驱动型 NSE 最为突出的特点是初值敏感和路径依赖,而后者从时间角度可以分为前向关联和后向关联两种,同时从存在状态角度可以分为隐性依赖和显性依赖,和实体性的隐性依赖相比较,潜在的隐性依赖所带来的锁定效应影响作用更为明显。通常情况下,周围环境的变动往往和机会驱动型 NSE 的结构变动之间存在差异,极有可能是系统的创业网络结构已经发生改变,而周围环境仍然处在僵化状态中,这种因为路径依赖性而导致的锁定效果极易产生系统的内生性衰退。综上所述,在非线性机制和初值敏感特性的作用下,机会驱动型 NSE 内部结构的复杂动态关联催生路径依赖,导致主体行为表现出具有动态特征的前效性和后效性。

(3)主体行为的正负反馈性

正负反馈交织造成机会驱动型 NSE 主体行为的复杂性。位于国家或地区内的机会驱动型 NSE 本身就是一个大市场,由于聚集了大量的企业、资本、知识、信息等,导致内部竞争程度高且系统自身反应敏捷。性能、质量、效率往往是市场选择的首要考虑要素,它们使得主体的行为演化进程加快。在机会驱动型 NSE 内部的各个环节以及系统主体与外部环境之间,存在大量的正、负反馈作用,且正负反馈使系统波动对自身造成的影响不断扩大。这既促进了机会驱动型 NSE 内部主体的衍生,又增强了对外部主体的吸引力,从而使得机会驱动型 NSE 的规模不断扩张、优势持续累积。

(4)主体行为的层次涌现性

主体之间的相互作用导致涌现发生。从涌现理论的基本原理来看,涌现不仅是一种行为和现象,而且还是复杂系统的重要特性,体现了由小到大、由简入繁的系统性过程。对涌现的理解可以是多角度、多层次的:涌现是具备前后关联特征的相互作用,作用自身及其催生的系统都具有非线性特点;以交互作用为基础的涌现过程,比单个行为的简单加和要具备更加复杂的结构;较为稳定的涌现是更高层次涌现发生的先决条件,也是更复杂涌现的重要组分。在机会驱动型 NSE 的形成过程中这一原理得到了很好体现,复杂技术是简单技术的积累,创业系统是多种创新网络的结合,主体行为复杂性是在各种积累和结合中发生的。

总之,机会驱动型 NSE 主体作为一种适应性主体,其行为特征可以利用复杂适应系统中适应性主体概念原理进行论述。同时,主体的适应性学习行为是后续进一步研究的基础,是复杂适应理论框架下进行机会驱动型 NSE 主体行为研究的核心。

3.4 机会驱动型 NSE 主体行为分析

结合前文分析,本节将从机会驱动型 NSE 主体之间的交互合作行为和多主体的行为涌现维度,从中观层面到宏观层面系统分析机会驱动型 NSE 主体行为的特征。

3.4.1 机会驱动型 NSE 主体交互合作行为

在以往合作创新创业的主体协同研究中,大部分都是停留在静态分析层面,缺乏从动态层面的完整分析,其中三元参与理论、五元驱动理论等都是静态协同分析的代表。随着主体协同理论的发展,Etzkowitz 和 Leydesdorff (1997)参照 DNA 的生物学结构,构建了涵盖科研机构、产业、政府的三螺旋模型,该模型通过对这三者交互合作关系的刻画,很好地反映了产学研合作中主体之间协同关系的变化过程。[92]

由图 3 - 6 可见,三螺旋模型中的科研机构、产业和政府三者之间具有明

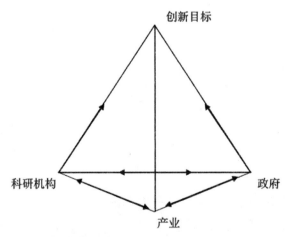

图片来源:Etzkowitz H,Leydesdorff L(1997)

图 3 - 6　三螺旋模型

显的主体互动联系,它们通过知识、生产和行政三种体系创新活动的结合,获得了一种网络型的混合组织结构;同时三者也具有独自进行创新活动的功能,因此会在它们之间产生一种相互博弈的关系,通过这种交互合作的博弈作用,促使整个创新系统产生螺旋式演化过程。

三螺旋模型中的创新演化推进模式非常准确地刻画了科研机构、产业、政府之间的合作协同关系,因此可借鉴其中的思想对机会驱动型 NSE 主体之间的交互协同关系进行分析。结合 3.1 和 3.2 中对机会驱动型 NSE 概念和理论结构的论述,本书对不同类型主体之间的主要交互合作方式进行总结,其中主要存在创业主体与知识供给主体之间、创业主体与政策供给主体之间、创业主体与服务供给主体三种联系方式,具体如图 3-7 所示。在本书后续的交互合作模型构建部分,将详细探讨这三种联系方式,为后续章节的研究打下基础。

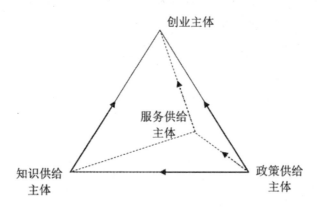

图 3-7　机会驱动型 NSE 主体之间的主要交互合作方式

3.4.2 机会驱动型 NSE 多主体行为涌现

通过机会驱动型 NSE 主体之间交互合作行为的推动,大量主体的行为逐步趋同,从而产生机会驱动型 NSE 宏观层面的涌现现象。从主体行为角度来理解,这一现象可以视为多主体参与的行为涌现。

　　系统偏离原有的稳定状态并经过分岔产生新的有序结构和功能,这一过程是系统涌现性所带来的结果,从系统内部来看,涌现是系统要素之间通过复杂的非线性作用机制所产生的。机会驱动型 NSE 的涌现现象可以概括为:主体为应对周围环境改变所带来的影响,主动搜集多种反馈信息,并对自身知识结构进行调整,同时主体之间发生复杂的非线性交互联系,进一步推动机会驱动型 NSE 产生实质发展,形成了新的更高层次的结构、功能和行为等。

　　这一过程具有以下特征:一是涌现是大量适应性主体逐步聚集并关联交互带来的结果。机会驱动型 NSE 主体自身具备主动学习的特性,而主体之间进行的交互合作在非线性机制作用下得到进一步放大,从而使得机会驱动型 NSE 的涌现呈现显著的复杂性。二是涌现是从小到大、从简到繁的质变过程。最直接的表现是,机会驱动型 NSE 演化过程中产生的多种多样的创新模式都是从最简单的主体或者基本的群落进化而来的,并在结构和功能等方面的复杂程度进一步加强。三是催生复杂涌现的主体行为规则都是一些毫无关联的简单规则,但是因为机会驱动型 NSE 主体自身具有主动性特征,因而导致相关行为过程在特定条件下变得更为复杂。四是整体涌现是伴随着机会驱动型 NSE 的层次结构而产生的。具体表述为涌现是具有自组织特征的层次跃迁,较低层次的涌现是高层次涌现形成的基础条件,而高层次的涌现进一步催生产业集群创新系统整体的涌现现象。五是机会驱动型 NSE 的涌现可以总结为规模效应和结构效应。虽然目前对涌现的内在机理无法用非常精确的定量模型分析认识,[93]但是涌现所带来的效应却会重复出现并能被深入分析,且涌现效应呈现动态性与规律性特点,关于规模效应和结构效应的具体分析方法会在本书第六章进行详细阐述。

3.5 本章小结

　　本章是全书的基础理论和数理模型衔接部分,主要是对第二章的基础理论进行抽象和数理化描述,并提出对应的分析方法,为后文的机会驱动型 NSE 主体行为模型的构建奠定基础。首先,基于第二章对国家创业系统和创业机会的阐述,提出机会驱动型 NSE 的概念及其主体概念;其次,基于 ISM 模型,提出机会驱动型 NSE 的基本结构,包括核心要素、中介要素和基础要素;最后,基于以上分析,提出机会驱动型 NSE 的复杂适应性特征,并引出主体行为特征描述及分析,进而为下文分析机会驱动型 NSE 主体行为搭建理论与模型之间的桥梁,发挥承上启下的作用。

第 4 章　机会驱动型 NSE 主体
适应性行为分析

4.1 理论及模型的引入

机会驱动型 NSE 主体的适应性行为是机会驱动型 NSE 群体行为的基础。大量 NSE 主体创业活动的积累会形成 NSE 内部的创业热潮,最终体现在宏观系统层面,形成群体行为的涌现。任何复杂系统内的单一主体都存在进化和学习的过程,机会驱动型 NSE 主体也不例外,他们通过不断地知识学习和知识交换,使整个 NSE 系统的知识存量伴随这一过程得以提升,进而推动系统中价值创造的进程。

从生物学的个体或种群层面进行探究,种群中个体的变异会对该种群的进化路径产生不同程度的作用,即便是偶然性变异也会产生同样的后果,尤其是在具备高内部共振状态的情况下这种效果更为突出,因此个体分析是种群分析的重要突破点。NK 模型起初是应用在生物体进化问题领域:不同基因存在相互关联和相互依赖的内在联系,同时基因型与生物体外在性状也存在复杂关联,这些内在关联的存在导致的结果是:如果某一基因产生变异,不但会使得该基因决定的外在表现产生变化,而且与其相关的其他基因决定的外在表现同样会产生变异。基因变异可能给生物体自身带来正向作用,同时也有可能带来负向作用,正负作用的共同影响使得生物体适应度产生变化。[77]

将用于解释生物进化的 NK 模型应用到机会驱动型 NSE 主体的适应度分析中,是将 NSE 主体看作一个进化的物种,那么组成这个物种的基因就是系统所包含的要素。基因之间的上位相互作用表现为要素之间的相互联系。一个要素的可能状态量可以看作一个基因拥有的等位基因数量。用这个模型理解 NSE 主体,相应参数的对比见表 4-1。

表 4-1　NK 模型与机会驱动型 NSE 主体

NK 模型	机会驱动型 NSE 主体
物种的基因数量	NSE 主体适应度的影响因素的数量
基因之间的相互上位作用数量	影响因素之间的相互联系
一个基因拥有的等位基因数量	一个因素拥有的可能的状态
相关其他物种的数量	与 NSE 主体相关的其他类型的主体数量
基因和相关物种的基因的联系	要素和其他类型的科研团队的联系

4.1.1 适应度景观理论

不同生物体对环境的适应水平存在差异,此种生存能力即可认为是生物体的适应度(fitness)。达尔文的自然选择学说是现代进化理论的基础,这一学说指出不同生物交配等作用影响,促使生物基因存在变异的可能性,同时产生的新基因还会把变异部分传递给后代。从理论上来看,这种变异的发生概率具有可预测性,但是发生变异的个体仍然具有偶然性;新基因能否继续增殖和自身的适应度高低存在关系,适应度高的基因数量逐步增加,而适应度低的基因数量则会逐步减少。借助自然选择的力量,物种总的演化方向是朝着更高适应度发展,进而衍生出越来越多的能够适应环境要求的物种。

适应度景观理论(Fitness Landscape Theory)是 20 世纪 30 年代发展起来的一种理论。Wright 为了描述上位效应(epistasis,一个遗传基因对另一个遗传基因的效应)所带来的生物体的微观性质(基因间的互动)对演化性动态的宏观性质(生命体以不同的方法演化以求生存)的影响,提出了适应度景观理论。[94]该理论建立在生物学的观点上,认为物种为了生存而不断进化,进化可以被看作一个在有高峰和山谷的三维景观上的旅程,如图 4 - 1。景观中的每个地点代表了可能的基因组合,高度代表了生存的适应度。景观中有许多高峰和低谷,不同点的高度都是相联系的,稍微不同的组合会互相接近,并有相似的适应度。这样,高峰和高峰相邻,低谷和低谷相邻,使得景观呈现出山脉和峡谷相间的地貌。这种景观被称为适应度景观,就是物种在适应景观中寻找高点的过程。后来,适应度景观理论被用于研究物理学问题,并逐步推广到其他复杂系统领域。20 世纪 90 年代以来,适应度景观理论开始应用于管理学和经济学领域,得到了组织和管理学家的认可。现在,它成为理解复杂系统的结构和相互作用的一个关键概念。

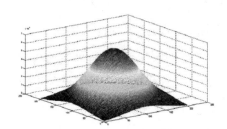 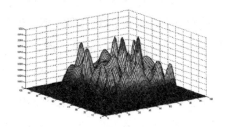

图 4 - 1　适应度景观

4.1.2 NK 模型

模型的提出源自生物系统的相关研究。进化论中有一个倍受争议的问题,即生命的历史是包含了涌现性进化变异,还是包含了不仅仅由小的适应性步骤累计起来的进化新奇性?宏观进化中的很多现象难以用小的适应性步骤的累计来解释，以致成为宏观进化中的疑难。而进化遗传学的研究也还没有对宏观进化研究做出直接的贡献，以致不少生物学家默认宏观进化确实是一个与微观进化完全不相关的研究领域。著名生物学家，同时也是复杂适应系统学派的代表人物考夫曼（Stuart Alan Kauffman）教授对这一疑难提出了自己的解释，他认为，如果我们把生物体看作是具有完整结构的统一系统，那么就可以发现自然选择并不是生物体结构的关键决定者，一个同等重要的结构来源是自发有序（spontaneous order）。Kauffman（1993）指出，达尔文正确说明了自然选择的重要性，却忽略了哪一类复杂系统更能适应突变和自然选择的问题，为了回答这个问题，进化论的概念结构就应该扩展，以正确包含生物体的完整性。实际上强调的就是生物系统的演化不仅仅受到外部环境的影响，而且还与生物系统的内部组成要素的相互作用关系有关，生物系统的演化是自然选择与自组织共同作用的结果。

Kauffman 结合 Wright 于 1932 年研究生物基因过程中提出的适应度景观理论来研究生物有机体的演化过程，从而提出了自然杀伤模型（NK 模型）。该模型具有 N 个元素且其中有 K（K < N）个元素具有相互作用关系系统的复杂性及其演化规律。NK 模型把不同系统的适应度描述成适应度地形，并把系统的适应过程看成是在适应度地形上的爬山过程，而对系统元素的一个微小改变都可能使系统爬上更高的山峰。这里的山峰其实就是适应度值的一个局部最优，利用 NK 模型能够确定有多少个局部最优，并且可以探讨通过怎样的适应路径来达到更高的适应度山峰。

值得注意的是，在生物系统的进化过程中，基因之间的相互依赖关系意味着生物体的基因型和表型之间存在着复杂的关系。这里的复杂性是指基因不仅表现为其自身的某个特定的性质，而且与其他基因有相互作用关系，所以一个基因发生变异不仅会改变其自身对表型的影响，而且会改变其他与其有相互作用关系的基因对表型的影响。同时，由于基因之间的相互作用关系的复杂性，某个基因上发生的变异可能对生物体的性质产生正面的影响,也可能产生负面的影响,这些正面或负面影响的综合效应决定了生物体的适应度。所以某个特定的表型性质只能通过某种特定的变异来改进,而且这种变异对基因性质的正面影响要超过负面影响。因此,现有基因的构成对生物体的演化方向有结构性的约束。进一步分析,如果基因之间的相互关系很多,那么想要通过一个基因的变异在提升该基因表型性质的同时不对有相互关系的其他基因的表型性质产生负面影响,是十分困难的;而且这种相互关系越多,想要通过某个基因的变异实现对生物体性质的总体综合效应的正面影响就越困难,所以这样的系统也就越复杂。这种由系统中元素间的相互作用关系引起的特殊性质被很多学者称为 Trade-offs,也就是冲突约束的内容,同时也是 NK 模型研究要探讨的内容。

NK 模型把复杂系统描述成由 N 个元素构成的系统,其中每个元素 $i(i=1,2,\ldots,n)$ 都有许多等位基因,它们的变化可以使元素的性质发生变化。元素的等位基因可以分别用整数进行标识。不同元素所拥有的等位基因的数量可能不同,元素 i 的等位基因数量用 A_i 表示。因此,系统可以用元素的等位基因组成的等位基因串 $s_1, s_2, s_3, \ldots s_n$ 来描述,其中:

$$s \in S; s = s_1 s_2 s_3 \ldots s_n; s \in \{0, 1, \ldots, A_j - 1\}$$

N 维概率空间称为系统的设计空间(Design space),设计空间中包含了所有可能的元素等位基因的组合,所有元素等位基因的组合数决定了设计空间的规模大小。设计空间 S 的规模大小可如下表示:

$$S = A_1 \cdot A_2 \cdot \cdots \cdot A_n = \prod_{i=1}^{n} A_1$$

模型中的另一个参数 K 表示了元素之间相互作用关系的多少,借用生物学术语,把复杂系统中元素之间的相互作用关系称为上位关系(Epistatic Relations,又称为强性关系)。K 越大表明系统中上位关系越多,那么冲突约束就越明显,系统的复杂性也就越强。所以 K 是表明系统复杂度的关键参数,是适应度景观的主要决定因素。

由于系统可能的结构数量与系统元素的数量存在指数增长的关系,所以即使是规模不大的系统,复杂系统的可能结构的数量也非常大,要对所有可能结构进行分析和比较就会很困难。为此,Kauffman 的模型研究只关注了一种特殊类型的结构,在这种结构中每个元素都受到相同数量的上位关系的影响,因此这种结构的复杂性就可以用一个独立的参数表示,它就是模型中的参数 K。

NK 模型方法的应用往往跟适应度地形理论结合在一起。在模型中,所有组成元素对系统的适应度都有一定的影响,系统的适应度被定义为所有组成元素对系统适应度影响的平均。由于基因之间的相互作用关系往往十分复杂,很难知道每个基因对系统适应的影响,一般的复杂系统也是如此,所以很难得出系统适应度的函数。为此,Kauffman 认为,每当某个基因发生变异或者与之有上位关系的基因发生变异时,就从(0,1)均匀分布的随机变量中抽取一个随机数,作为该基因的适应度值 wi。而整个系统的适应度则为所有基因适应度的平均值:

$$W(s) = \frac{1}{N} \cdot \sum_{i=1}^{n} w_i(s_i)$$

设计空间中所有可能的系统的适应度值的分布就被称为复杂系统的适应度地形。这种做法实际是把适应度函数定义为随机适应度函数,然后用系统的适应度的期望值来度量系统的性质,因此 NK 模型方法又被称为复杂系统的统计力学。

4.2 机会驱动型 NSE 主体适应性行为的 NK 模型描述

NK 模型构建的基础是确定要素的数量 N,具体到机会驱动型 NSE 主体行为研究中,需要从机会驱动型 NSE 的创业问题入手。

4.2.1 主体适应性行为的影响要素

参考 Farber 和 Sidorowich（1988），Wooldridge 和 Jennings（1995）关于主体的"弱定义"和"强定义"的讨论，其中"弱定义"主要体现为主体的自治性、社会性、应激性和主动性四个特征，"强定义"是在"弱定义"的基础上再纳入信念、愿望、意图、能力、责任、承诺等心智状态等方面的描述。结合覃睿等（2016）对创业教育的分析，本书发现，创业身份构建与认同以及创业意向与满足贯穿在创业进阶过程始终，这个过程既是创业者塑造的过程，也是创业者适应性行为形成的过程。即潜在创业者基于自身特质、经验储备、社会网络以及对可承担的损失和可接受的风险的认知，对"我能做什么"作出判断，进而构建其初始创业者身份，产生"在先创业意向"，成为具有创业意向的潜在创业者。由此，本书认为，机会驱动型 NSE 主体的适应性行为过程就是机会驱动型 NSE 创业者塑造的过程，受创业者心智、创业者经验、创业者教育和创业者网络四个要素的影响。

（1）创业者心智

在创业过程中个体只有小部分的不同，那么有一些稳定的心智如稳定的性情（特征、性格）或个人动机（自我效能）是成为潜在创业者的因素吗？Lans 等（2008）[95]认为成就动机、内控、风险承担等心智因素应该是成为创业者的先决条件，同时还指出个人目标、愿望和动机都会影响和塑造创业者。[96]此外，创业者处于不同群体中会形成不同的身份，并折射出不同的目标、价值观及行为信仰，[97]当一个人对自身创业角色的认知越明显时，其更愿意投入一定的时间在创业工作上，对企业的承诺也会更高，即创业者的承诺能力更强。[98]

（2）创业者经验

创业者的先前经验在其成为真正的创业者过程中至关重要。[99]创业者先前的工作环境和工作经验会通过影响创业者的创业能力和创业者对创业角色的承诺进而影响其创业成功与否,那些来自小公司的创业者因为先前能够学习到更多的创业相关知识,提升了创业能力,从而获得了更高的企业绩效,也更不可能退出创业领域;[100]那些有创业经验的个体提升了创业思维,更容易抓住好的创业机会,[101]并熟悉创业过程的各个环节,能够更有效地开展创业活动。创业者先前的工作年限对概念解析能力、团队建设能力有积极的影响。[102]

(3)创业者教育

教育会影响创业者的塑造,[103]学者常常用学历、文化程度和所学专业来表征创业者受教育水平的情况,Ahmad 等(2010)通过实证研究发现,教育对马来西亚和澳大利亚两个国家的创业者塑造的影响是显著的,特别是具有更高教育水平的创业者其创业能力会更高。[104]这与 Morris 等(2013)的观点一致,即教育能够增加创业者的知识和技能,进而增强和发展其创业能力。[105]创业前后接受的管理培训和技术培训会对创业者能力产生影响,正规培训的缺失会导致创业者对企业运营、战略和人力资源管理能力的不足。[106]

(4)创业者网络

创业者的创业网络和社会关系是塑造创业者的有效途径。社会网络能使创业者获得有效信息,使得创业者在资源匮乏的环境下识别出有价值的商业机会,[107]创业者所需的具体能力可反复从创业经历中获得,也可以从与行业合作伙伴及股权投资者等不同人员的接触中来获得。[108]Tehseen 和 Ramayah(2015)通过实证研究发现,创业者对企业外部社会关系的优化与整合,尤其是对企业与其顾客及供应商关系的完善,对于提高创业者能力,进而推动企业的成功与发展有着显著正向影响。[109]

以上四个要素相互依赖和互动,形成机会驱动型 NSE 主体自身的适应性行为的整体基因型态。其中,创业者心智和创业者经验是指机会驱动型 NSE 主体个体内部的要素,而创业者教育和创业者网络则是机会驱动型

NSE 主体个体外部的要素,个体的内外部要素相互作用、相互影响,即创业者教育会影响创业者心智,创业者网络也会影响创业者经验,反之亦然。因此,机会驱动型 NSE 主体可以基于这四个模块或维度来表示:

机会驱动型 NSE 主体 = {创业者心智,创业者经验,创业者教育,创业者网络}

而机会驱动型 NSE 主体的耦合机制正是这四个维度相互依赖和互动形成的一种组织整体性的配置状态。显然,耦合机制本身是动态调适的,它可以根据各模块或维度自身状态的调整,通过各模块间状态的替代来强化它们相互间的依赖程度,从而使组织逼近某种满意的配置状态。因此,我们利用 Wright(1932)的适应度景观的思想来分析机会驱动型 NSE 主体的适应性学习过程,就是指对机会驱动型 NSE 主体的创业者心智、创业者经验、创业者教学及创业者网络之间的配置状态进行一种形象地描述,这四者之间的互动程度以及内部一致性、匹配性共同作用于机会驱动型 NSE 主体并对其做出贡献。

4.2.2 主体适应性行为的模型框架及模型参数设定

(1)主体适应性行为的模型框架

借鉴 Kauffman(1993)生物进化的 NK 模型,将机会驱动型 NSE 主体适应性行为的适应度定义为各个要素贡献度的平均值。此时,主体整体适应度 AW 表示为:

$$AW = \frac{1}{N} \sum aw_i(X_{i1}, X_{i2}, \cdots, X_{ik})$$

其中,AW 为主体的适应度,aw_i 为影响要素对主体整体适应的贡献,N 为主体适应性行为过程中的影响要素数量,X_{ik} 为与第 i 个要素相关联的另外 K 个要素。

(2)主体适应性行为的模型参数设定

参照 NK 模型的基本原理,对相关参数设定如下:

要素个数 N——是与机会驱动型 NSE 主体适应性行为相关的要素数目,本书分析概括得到的要素为创业者心智、创业者经验、创业者教育、创业者网络,故此处设定 N 为 4。

要素之间相互作用关系的数量 K——随着机会驱动型 NSE 的发展越来越复杂,主体的四个要素随着系统的复杂性对 K 参数分别体现为 0—3 的情形。因此,本书为举例分析主体要素之间的复杂性,将对 K 分别为 0 和 3 的情形,即主体要素之间无关和主体要素关系最复杂的情景进行对比研究。

要素可能状态的数量 A——根据 NK 模型的基本原理,影响主体适应性行为过程的每个要素都有其所处的状态,可以利用(0,1)之间的某个数值代表。根据前文 Kauffman 的研究成果,要素状态数量 A 与 NK 模型最终结果之间的关系不明显。故本研究通过简化认为影响要素 i 只处于两种状态(0或 1),因此主体可能形态的数量 $A_{创业者心智}$ = $A_{创业者经验}$ = $A_{创业者教育}$ = $A_{创业者网络}$ =2,而机会驱动型 NSE 主体的适应度设计空间的规模如表 4 - 2 所示。

表 4 - 2　机会驱动型 NSE 主体的适应度设计空间的规模

编号	创业者心智	创业者经验	创业者教育	创业者网络
1	0	0	0	0
2	1	0	0	0
3	0	1	0	0
4	0	0	1	0
5	0	0	0	1
6	1	1	0	0
7	0	1	1	0
8	0	0	1	1
9	1	0	1	0

续表

编号	创业者心智	创业者经验	创业者教育	创业者网络
10	0	1	0	1
11	1	0	0	1
12	1	1	1	0
13	0	1	1	1
14	1	0	1	1
15	1	1	0	1
16	1	1	1	1

4.3 机会驱动型 NSE 主体适应性行为的适应度景观分析

4.3.1 K 为 0 时主体适应度景观分析

（1）数据获取

基于上述参数的设定，当 K 为 0 时，分析机会驱动型 NSE 主体适应性行为的适应度景观。根据 NK 模型的基本原理，本研究利用 Python 软件编写 NK 模型仿真程序（附录 1 - 1）获取四个要素的适应度数据，它们反映了机会驱动型 NSE 主体在不同要素相互作用下，获得自身适应度局部最优的组合结果。为了方便后文适应性景观的绘制，本研究随机选取了仿真程序中的 48 组数据，如表 4 - 3 所示。

表 4 - 3　要素适应度模拟结果

编号	创业者心智	创业者经验	创业者教育	创业者网络
1	0.555979339	0.403528801	0.338146576	0.585811226
2	0.802437433	0.412401823	0.316882872	0.913434778

编号	创业者心智	创业者经验	创业者教育	创业者网络
3	0.948467998	0.391111842	0.912990719	0.466817719
4	0.91760597	0.674280909	0.254618525	0.691963211
5	0.567073535	0.748754652	0.760208607	0.612316066
6	0.497775305	0.626941638	0.597584699	0.562259036
7	0.04844282	0.500464176	0.893747385	0.014187534
8	0.978097576	0.812827291	0.003382285	0.790801935
9	0.69290609	0.948720856	0.281070555	0.050116524
10	0.912233359	0.433983543	0.34702682	0.208224148
11	0.06081214	0.348667004	0.146459652	0.74429078
12	0.528155331	0.664108118	0.934359093	0.545788136
13	0.783764165	0.266226483	0.37865098	0.179218665
14	0.418394451	0.658832466	0.133075101	0.46885154
15	0.325416231	0.740746419	0.983687004	0.976318171
16	0.464689127	0.668830017	0.146503851	0.845607665
17	0.590824357	0.011857426	0.836540832	0.124478259
18	0.357357311	0.840638256	0.013282192	0.978899998
19	0.754419135	0.202297298	0.380759816	0.216097393
20	0.169791151	0.667923165	0.127032991	0.277220903
21	0.139311591	0.364163691	0.660670086	0.751590739
22	0.407153186	0.752768803	0.234703212	0.54762019
23	0.814453273	0.156750931	0.823882326	0.786250274
24	0.062471802	0.424273241	0.173040026	0.519861934
25	0.291587717	0.215910145	0.485504967	0.415977182
26	0.409758654	0.804847036	0.165472505	0.193748543
27	0.081739285	0.598785048	0.739846244	0.372793365
28	0.03067699	0.929022591	0.238227267	0.182512199

编号	创业者心智	创业者经验	创业者教育	创业者网络
29	0.005572057	0.639339265	0.087422062	0.204757496
30	0.428162102	0.891363458	0.225193096	0.593835378
31	0.560386597	0.792929073	0.756673813	0.493190858
32	0.14241403	0.232551505	0.390331596	0.289209329
33	0.839476222	0.190082578	0.078700233	0.885591692
34	0.044971539	0.622649692	0.658521112	0.998612615
35	0.903176792	0.592971622	0.852223346	0.34582882
36	0.252569252	0.20035659	0.517089722	0.084483737
37	0.603078246	0.97837625	0.164804599	0.482573166
38	0.530336158	0.95177844	0.254678068	0.914878541
39	0.450853249	0.592808616	0.386327597	0.165911036
40	0.353988695	0.346838104	0.739356008	0.694880704
41	0.825869074	0.542210164	0.708979942	0.186072375
42	0.573934501	0.272001513	0.402030974	0.40535846
43	0.256945445	0.638895043	0.253334593	0.751830824
44	0.578725108	0.901971354	0.721909997	0.869671913
45	0.12433698	0.128108667	0.902751045	0.709664727
46	0.819240624	0.101518298	0.324073068	0.428828238
47	0.795582345	0.451101801	0.235192493	0.681133753
48	0.273445772	0.123844098	0.484393556	0.091432829

（2）数据标准化处理

对每一组数据进行统计,并计算每一个要素的所有数均值,将处理后的数据小于每个要素得分均值的记为状态 0,表示低于 48 个组合的平均水平;大于平均值的记为状态 1,表示高于 48 个组合的平均水平。组合取值的具体结果如表 4 - 4 所示。

表4-4　各组合的数据标准化状态

编号	创业者心智	创业者经验	创业者教育	创业者网络
1	1	0	0	1
2	1	0	0	1
3	1	0	1	0
4	1	1	0	1
5	1	1	1	1
6	1	1	1	1
7	0	0	1	0
8	1	1	0	1
9	0	1	0	0
10	1	0	0	0
11	0	0	0	1
12	1	1	1	1
13	1	0	0	0
14	0	1	0	0
15	0	1	1	1
16	0	1	0	1
17	1	0	1	0
18	0	1	0	1
19	1	0	0	0
20	0	1	0	0
21	0	0	1	1
22	0	1	0	1
23	1	0	1	1
24	0	0	0	1
25	0	0	1	0

续表

编号	创业者心智	创业者经验	创业者教育	创业者网络
26	0	1	0	0
27	0	1	1	0
28	0	1	0	0
29	0	1	0	0
30	0	1	0	1
31	1	1	1	0
32	0	0	0	0
33	1	0	0	1
34	0	1	1	1
35	1	1	1	0
36	0	0	1	0
37	1	1	0	0
38	1	1	0	1
39	0	1	0	0
40	0	0	1	1
41	1	0	1	0
42	1	0	0	0
43	0	1	0	1
44	1	1	1	1
45	0	0	1	1
46	1	0	0	0
47	1	0	0	1
48	0	0	1	0

(3)不同组合状态的适应度求解

基于表 4 - 4 的组合状态,随后对其进行归类,并对同类组合的适应度进行均值处理,由此得到各组合条件下机会驱动型 NSE 主体的整体适应度,如表 4 - 5 所示。

表 4 - 5 各组合状态的适应度

编号	创业者心智	创业者经验	创业者教育	创业者网络	适应度均值
1	0	0	0	0	0.263626615
2	0	0	0	1	0.311198587
3	0	0	1	0	0.305839842
4	0	0	1	1	0.492971753
5	0	1	0	0	0.418864544
6	0	1	0	1	0.514880687
7	0	1	1	0	0.448290986
8	0	1	1	1	0.668865348
9	1	0	0	0	0.419494374
10	1	0	0	1	0.530342748
11	1	0	1	0	0.545518392
12	1	0	1	1	0.645334201
13	1	1	0	0	0.557208065
14	1	1	0	1	0.647937409
15	1	1	1	0	0.662172615
16	1	1	1	1	0.669850162

(4)绘制适应度景观

本书利用布尔超立方体(Boolean Hypercube)来描述机会驱动型 NSE 主体适应度景观。基于表 4 - 5 数据绘制 K 为 0 时的适应度景观,如图 4 - 2 所示。机会驱动型 NSE 主体适应性行为要素的组合位于超立方体上的顶点,拥有高适应度值的组合就是景观中的高峰。

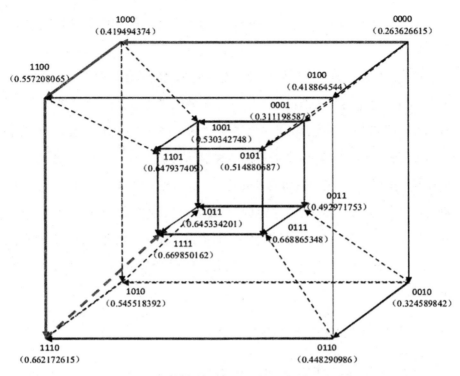

图 4－2　K＝0 时机会驱动型 NSE 主体的适应度景观

（5）主体适应性行为的特征分析

多个景观山峰的出现表明要素之间有上位相互作用,这种作用导致了整体适应性的集聚和均衡。由图 4－2 可知,箭头线段表示景观结构,意味着这是一个适应度较低的组合到相邻的适应度较高组合的路径。所有箭头指向的点,就是拥有最高适应度值的组合,即全局高峰,本书为 1111 组合。

适应度景观提供了一个选择高适应度组合的工具。从图 4－2 可见,机会驱动型 NSE 主体存在着适应度最高的组合,即在一定条件下,机会驱动型 NSE 主体要素的合理配置能够使创业主体通过适应性行为获得较好的创业能力。因此,利用适应度景观所观察的适应度高低,可以用于研究创业主体适应性行为提升的路径。以 K＝0 为例,图 4－2 显示从一个适应度低的点0000 到全局高峰 1111 的线路有很多条,但是每走一步都能获得最大适应度的只有 0000—1000—1100—1110—1111,这条路径即为从 0000 到 1111 的最优路径。

适应度景观的另一个作用是可以发现要素之间的依赖关系。机会驱动型 NSE 主体适应性行为的提升之所以存在最优路径,是由于各要素之间存在相互影响和作用关系。在某一个要素达到一定状态后,其他要素的作用才能显现和发挥。如图 4-2 的最优路径显示的含义为:当各要素之间不存在相互影响时,对于机会驱动型 NSE 主体的适应性行为体现为,首先应具有创业者心智,进而需具有创业者经验,而创业者教育需要以较好的创业者经验和创业者心智为前提,当这三个要素都达到了较好的状态时,再具有创业者网络。因此,良好的创业者心智是机会驱动型 NSE 主体适应性行为开展的基础。

4.3.2 K 为 3 时主体适应度景观分析

当 K = 3 时,如上所述,利用相同方法随机获取了如表 4-6 所示 48 组要素适应性组合。此时 K 为 3,意味着机会驱动型 NSE 主体的要素之间存在最大限度的相互影响作用。在进行相同的数据标准化后(此处简化),可得不同组合状态的适应度求解,如表 4-7 所示。基于表 4-7 数据绘制 K 为 3 时的适应度景观,如图 4-3 所示。

表 4-6 要素适应度模拟结果

编号	创业者心智	创业者经验	创业者教育	创业者网络
1	0.657205159	0.43995593	0.297825381	0.497223658
2	0.242068516	0.424692939	0.959527668	0.521915384
3	0.600406373	0.929481787	0.153222762	0.061497808
4	0.397434082	0.919383535	0.36279107	0.061072484
5	0.353004061	0.537134329	0.457045242	0.64440589

编号	创业者心智	创业者经验	创业者教育	创业者网络
6	0.162107568	0.384327834	0.529508472	0.546048747
7	0.112733754	0.53940248	0.86897004	0.912803534
8	0.521724412	0.435510666	0.035197875	0.657619467
9	0.305680141	0.746324415	0.888082078	0.742440403
10	0.960545039	0.445650726	0.600239316	0.551495048
11	0.290981226	0.137046237	0.170108376	0.45958792
12	0.50054959	0.815009802	0.319079483	0.842852429
13	0.522378399	0.969701923	0.347573215	0.399444973
14	0.586146549	0.513133975	0.170859791	0.27574989
15	0.265690643	0.032178261	0.334466665	0.200839964
16	0.53520918	0.756884345	0.083714498	0.661261739
17	0.938290692	0.834929695	0.980617814	0.588193719
18	0.175638872	0.19643819	0.472844503	0.275140731
19	0.307767506	0.830422926	0.466236117	0.34224938
20	0.050782126	0.637110573	0.626572853	0.177055316
21	0.198411059	0.831031233	0.971396476	0.283986551
22	0.579587569	0.059709022	0.138140701	0.839532488
23	0.224149785	0.406828677	0.360919988	0.545908411
24	0.380469042	0.108239588	0.90520557	0.747474284
25	0.586369392	0.625065167	0.773911876	0.360733877
26	0.651296026	0.936865	0.781085104	0.841283121
27	0.389909801	0.057296686	0.603879255	0.44189085
28	0.99571166	0.333522049	0.77456043	0.546412785
29	0.033108345	0.079339967	0.612594008	0.573797769
30	0.058336327	0.552947421	0.067713027	0.393397408
31	0.555368384	0.073006458	0.218067741	0.008861733

编号	创业者心智	创业者经验	创业者教育	创业者网络
32	0.178734734	0.617544889	0.719634383	0.143505585
33	0.805581093	0.402511497	0.74829443	0.949768478
34	0.307556473	0.623943309	0.110862827	0.325361672
35	0.342400598	0.720864347	0.624752559	0.000742894
36	0.212953894	0.1562262	0.685842854	0.45573708
37	0.092245109	0.581717164	0.330333268	0.986227915
38	0.173986039	0.178445334	0.398958905	0.709267174
39	0.626994803	0.209079234	0.662933333	0.916554523
40	0.276640596	0.825899501	0.816906614	0.947651476
41	0.150633341	0.536719104	0.339950897	0.586626441
42	0.650220522	0.233016512	0.528544873	0.459836621
43	0.081409085	0.911396979	0.138817466	0.004641308
44	0.145169196	0.967998649	0.23756263	0.984228329
45	0.50943036	0.463861021	0.501594895	0.046961584
46	0.57798161	0.480522155	0.381154177	0.721802821
47	0.153334446	0.791797268	0.680617122	0.104927736
48	0.556857677	0.577320605	0.583415066	0.195384303

表4-7 各组合状态的适应度

编号	创业者心智	创业者经验	创业者教育	创业者网络	适应度均值
1	0	0	0	0	0.236362412
2	0	0	0	1	0.384366175
3	0	0	1	0	0.326629861
4	0	0	1	1	0.482216775
5	0	1	0	0	0.396652372
6	0	1	0	1	0.540685283

续表

编号	创业者心智	创业者经验	创业者教育	创业者网络	适应度均值
7	0	1	1	0	0.457122954
8	0	1	1	1	0.693703153
9	1	0	0	0	0.298390831
10	1	0	0	1	0.45237358
11	1	0	1	0	0.380461965
12	1	0	1	1	0.635308246
13	1	1	0	0	0.497963405
14	1	1	0	1	0.564320133
15	1	1	1	0	0.532382245
16	1	1	1	1	0.819070146

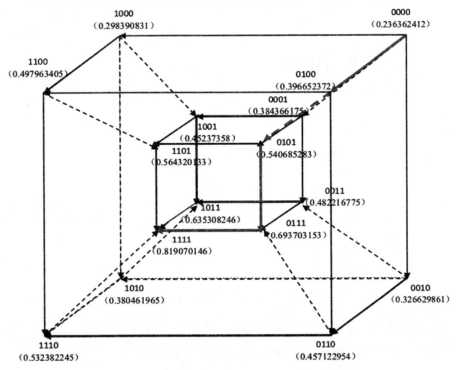

图 4 – 3　K = 3 时机会驱动型 NSE 主体的适应度景观

以 K=3 为例,图 4-3 显示从一个适应度低的点 0000 到全局高峰 1111 的线路有很多条,但是每走一步都能获得最大适应的只有 0000—0100—0101—0111—1111,这条路径即为从 0000 到 1111 的最优路径。该最优路径显示的含义为:当各要素之间存在相互复杂的影响时,对于机会驱动型 NSE 主体的适应性行为体现为,首先应具有创业者经验,进而需具有创业者网络,而创业者教育需要以较好的创业者经验和创业者网络为前提,当这三个要素都达到了较好的状态时,再具有创业者心智。因此,当机会驱动型 NSE 成为了复杂系统时,良好的创业者经验是机会驱动型 NSE 主体适应性行为开展的基础。

4.4 机会驱动型 NSE 主体适应性行为的比较分析

4.4.1 适应度本地峰分布

结合之前对 K 值不同情况下的分析,本节从本地峰分布的角度认识不同 K 值对机会驱动型 NSE 主体适应度变化的影响。利用 Python 软件构建了 NK 模型仿真程序,通过 3000 次的仿真计算获取不同 K 值情况下的本地峰分布,结果如图 4-4 所示。

研究结果发现,当 K=0 时,本地峰在不同组合上数量的频度分布十分集中,且本地峰数量较少,此时可以说明机会驱动型 NSE 主体适应度景观地貌十分平坦。随着 K 值增大,直至 N-1(本书 N=4)时,本地峰在不同组合上数量的频度分布逐渐分散,其数量也在逐渐增加,尤其当 K=3 时,本地峰数量的频度分布最为分散,此时本地峰数量也分布在 1—8 之间。这进一步说明机会驱动型 NSE 主体适应度景观地貌随着 K 值的增加而逐渐崎岖,当 K 值最大时,适应度景观地貌最为复杂,此时呈现出了系统复杂性。

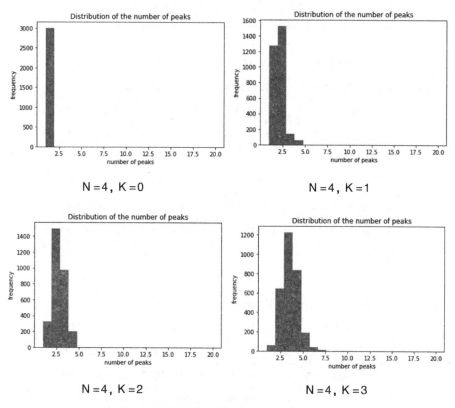

图 4-4 不同 K 值条件下的适应度本地峰分布

4.4.2 适应度局部最优化游走

本节将从适应性游走角度认识不同 K 值对机会驱动型 NSE 主体适应度游走变化的影响。利用 Python 软件构建了 NK 模型仿真程序(附录 1-2),通过 3000 次的仿真计算获取相同时间区间内($t=50$)适应度如表 4-8 所示,所绘制的适应度游走演化图见图 4-5。

表4-8 特定时区内不同 K 值条件下的适应度游走演化

t	K = 0	K = 1	K = 2	K = 3
1	0.499090837	0.506466605	0.504406608	0.506017151
2	0.747288797	0.672742414	0.639371009	0.619554471
3	0.870962336	0.726354382	0.68193437	0.664914745
4	0.933164877	0.766424291	0.715932633	0.682554989
5	0.966748385	0.789994789	0.73978947	0.700502834
6	0.982581277	0.804131358	0.752769599	0.71703796
7	0.990978049	0.815481021	0.761714529	0.724554056
8	0.995588141	0.824901868	0.767081204	0.737301263
9	0.997410186	0.829319047	0.774676266	0.742073634
10	0.999050788	0.836503014	0.78226263	0.746080715
11	0.999466613	0.83690305	0.785628609	0.752099036
12	0.999599483	0.837227698	0.780063763	0.766315119
13	0.999599483	0.84290766	0.786483452	0.765297173
14	0.999888285	0.84300994	0.792487007	0.767095169
15	0.999888285	0.845503084	0.798424172	0.772507549
16	0.999888285	0.846104453	0.796739429	0.77695688
17	0.999888285	0.840667599	0.803883234	0.773763499
18	1	0.84568561	0.798553728	0.769548795
19	1	0.845621484	0.80490143	0.781011078
20	1	0.849230966	0.806830858	0.775434693
21	1	0.849209966	0.810721248	0.782301746
22	1	0.848096689	0.812924915	0.785138256
23	1	0.850020261	0.806068917	0.783762184
24	1	0.851420196	0.81131102	0.785001118
25	1	0.849720853	0.811982737	0.782085902

续表

t	K = 0	K = 1	K = 2	K = 3
26	1	0.850197472	0.809154129	0.785726915
27	1	0.847776245	0.816644252	0.78343599
28	1	0.851113718	0.815738523	0.784317184
29	1	0.852985667	0.815387121	0.787758302
30	1	0.849315863	0.819817314	0.788206266
31	1	0.846468815	0.817552934	0.785708363
32	1	0.84740854	0.815873538	0.785041342
33	1	0.850967308	0.814774146	0.789226705
34	1	0.852419415	0.817070943	0.788299385
35	1	0.855472263	0.812432092	0.794016579
36	1	0.85607415	0.820292386	0.792524729
37	1	0.847903744	0.814998637	0.794662541
38	1	0.848233484	0.821871255	0.796143807
39	1	0.849541718	0.821624056	0.790343092
40	1	0.850220106	0.819444434	0.796097572
41	1	0.855975047	0.82053158	0.797584199
42	1	0.852916092	0.815852719	0.798668417
43	1	0.854468055	0.825081635	0.798741149
44	1	0.85418732	0.818859605	0.792947725
45	1	0.850205232	0.822009461	0.79891641
46	1	0.849141821	0.820567913	0.803344665
47	1	0.851541471	0.821852903	0.803033791
48	1	0.853476432	0.825942451	0.798446382
49	1	0.850414552	0.828405236	0.798220687
50	1	0.85171225	0.822113343	0.798242948

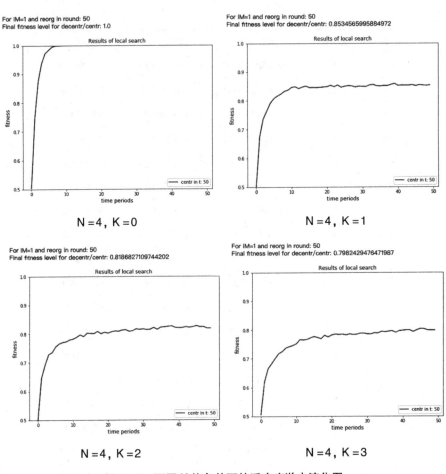

图 4-5　不同 K 值条件下的适应度游走演化图

如图 4-5 所示, K=0 时得到最终主体适应度为 1, 说明此时主体在进行适应性游走时, 无需顾忌"局部最优"陷阱, 直接随着时长的增加很快达到系统最优值。这说明此时适应度景观地形也最为平缓, 这种情况下机会驱动型 NSE 主体适应性的影响要素之间不存在相互关联, 每个要素对主体的适应度贡献是独立的, 改变某一要素的状态, 仅会对自身的贡献程度造成影响, 并不会对其他要素产生影响, 此时机会驱动型 NSE 主体适应性行为过程最为稳定。当 K=1 和 K=2 时, 主体最终适应度分别为 0.8535 和 0.8187,

并随着 K 值增加呈现出逐渐缩小的趋势,这说明要素之间关联程度的增加导致主体适应性行为过程的复杂性增加,无法通过适应性游走达到理想最优状态,要素之间逐渐呈现关联性,此时图 4 - 3 中该两种情况下的适应度波动形状逐渐崎岖。当 K = 3 时,主体最终适应度为 0.7982,此时适应度景观地貌最为崎岖。在这种情况下,适应性行为的不同要素之间联系广泛,要素之间共同作用,呈现了机会驱动型 NSE 主体适应性行为过程的明显复杂性。

4.4.3 适应度全局最优化长跳

上节探讨了适应度局部游走的演化,通过类似生物体的等位基因交换和突变方式发现新的规则,而这一过程的完成存在一定的概率。同时,因为选择机制的作用,机会驱动型 NSE 主体会对适应度较高的规则进行多次重复选择,规则的多样性不断削弱,而主体的规则组合(即基因型)也会被逐步吸引到局部最优解。而在适应度景观上,则表现出"适应性游走"特征,这种游走方式存在路径依赖,容易陷入"局部最优"陷阱。因此,对主体自身的适应性行为而言,规避"局部最优"陷阱,在更大范围内选择更高的点,便成为适应性行为过程中的关键环节。

本节将从适应度全局最优角度识别不同影响要素数量,即 N 值对机会驱动型 NSE 主体适应度达到全局最优化——"长跳"的影响。利用 Python 软件构建了 NK 模型仿真程序(附录 1 - 3),通过 3000 次的仿真计算获取相同时间区间内(t = 50)和长跳概率(p = 0.5)的适应度游走演化图和长跳演化图(见图 4 - 6,4 - 7 和 4 - 8)。

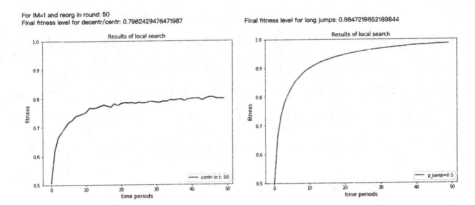

图4-6 当N=4,K=3时适应度游走演化图和长跳演化图

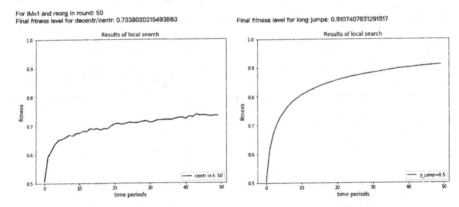

图4-7 当N=7,K=6时适应度游走演化图和长跳演化图

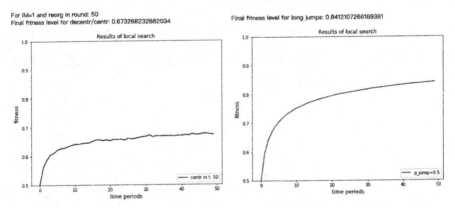

图4-8 当N=10,K=9时适应度游走演化图和长跳演化图

对比图 4 - 6,4 - 7 和 4 - 8,基于本书所研究的机会驱动型 NSE 主体,随着主体创业行为的进行,相关要素的数量会逐渐增多,由此可知:①对比适应度游走演化图和长跳演化图,相同情况下长跳演化图的最终适应度均比适应度游走演化图高,这说明通过适应性跳跃跳出局部最优点达到全局最优适应度,主体的适应度才为最优,这意味着机会驱动型 NSE 主体只有打破固有行为惯性,才能达到自身行为最优;②随着 N 值和 K 值的不断增大,主体适应度在选择长跳时的最终值不断变小,这说明机会驱动型 NSE 主体结构的复杂性存在一定限度,当结构超过一定规模变得十分复杂时,主体对环境的适应程度反而会降低,这是因为主体在长期的发展过程中已经形成了一定的惯例,对于外界环境的刺激很多情况下都只根据主观经验判断作出响应,越来越难作出有利于长期发展的适应性决策调整,此时主体就会面临所谓的"复杂性灾难"。具体到机会驱动型 NSE 主体创业的现实问题中,这些承担创业功能的主体遍布创业系统,因而自身结构组成相对复杂,同时主体内部要素的关系结构也会逐渐变得复杂,如果主体不能及时调整各要素的实际状态来降低"复杂性灾难"出现的频率,就有可能在竞争中被淘汰出局。

由此可见,适应性主体是构成复杂适应系统的基础,主动性特征使得主体之间以及主体与环境之间能够产生交互作用,主体通过适应度提升以及与其他主体交互合作,保证自身的持续生存。结合前文分析可知,主体的适应性和主动性并不是完全符合发展需要的,也不一定能完全保证规则和路径选择的正确性,错误的选择就有可能带来适应性主体自身的衰亡,可以说,正是主体的适应性带来了系统层面多种多样的复杂性表现。机会驱动型 NSE 主体的本质同样是适应性主体,主体异质性和行为多样性加剧了系统的复杂性。适应与复杂并存是机会驱动型 NSE 主体的特征,而大量主体的参与也促使整个系统具备同样特点。因此,创业主体的适应性创业行为是后续进一步研究的基础,是复杂适应理论框架下进行机会驱动型 NSE 主体行为研究的核心。

4.5 本章小结

本章主要是从创业主体角度,对机会驱动型 NSE 主体的适应性行为进行分析。首先,引入了适应度景观理论和 NK 模型,并对 NK 模型的基本原理进行阐述;其次,分析机会驱动型 NSE 主体适应性行为的影响因素,基于影响要素,构建了机会驱动型 NSE 主体适应性行为模型,并进行参数设定;再次,根据模型分别绘制了 $K = 0$ 和 $K = 3$ 时的适应度景观图,为分析机会驱动型 NSE 主体的适应性行为特征提供了工具;最后,分别对机会驱动型 NSE 主体的适应度本地峰分布、局部最优化游走和全局最优化长跳进行比较分析,进而全面地刻画机会驱动型 NSE 主体的适应性行为特征。

第 5 章　机会驱动型 NSE 主体的交互合作分析

5.1 演化博弈理论

经典博弈理论认为个体能够掌握收益矩阵的全部信息,并具有超理性特征,在此条件下参与博弈,主体最后都会选择纳什均衡策略。但是由于现实中个体能力存在限制,因此其在复杂环境中所采用的并不一定是最优策略,也不能保证最大化收益。此时,个体一般会通过试错的方法获取部分信息,利用启发式方法选择"满意"的策略。由此认为,有限理性是个体的特征,能够采用演化博弈方法对此类问题进行有效分析。

具体到机会驱动型 NSE 主体之间的交互合作行为,采用演化博弈论的根据是主体异质性和主体之间的非线性作用,使得交互合作中表现出复杂开放系统的特点,主体凭借自身具有的创业要素与其他主体产生交互行为和合作创新创业效应,这种效应是单一主体无法产生的。具体到机会驱动型 NSE 系统内部,专业化分工和资源互补奠定了主体之间交互合作的基础;创业活动的复杂性对资金、设施、信息等方面提出了更加严格的要求;而创业活动本身也是纷繁复杂的系统性工程,单一主体无法独自承担。创业主体、高校和科研机构、政府、服务机构等主体在共同利益追求作用下进行交互合作,这不但为创业网络的形成发展奠定了基础,同时也是保证机会驱动型 NSE 以自组织形式发生突变带来从无序到有序甚至新结构出现的重要环节。聚焦到机会驱动型 NSE 主体层面,大量异质性主体都具备有限理性的特点,即创业策略的选择也是主体之间相互影响学习的过程。借助上述分析可以看出,机会驱动型 NSE 主体之间的交互合作同样适合采用演化博弈的分析框架。

演化博弈论涉及演化稳定策略和复制者动态两个重要概念,研究内容具有一定特点:一是研究对象具有动态性,通过分析研究对象的动态演化过程,剖析其中蕴含的规律性要素,进而对稳定结果的产生原因和实现路径进行解答;二是动态发展过程中既存在策略选择所带来的规律性,又存在突变现象等不确定性。对这些特征的研究使得演化博弈论处在不断发展的过程中,并且持续产生新的研究角度。由此,本书将围绕机会型创业主体、高校和科研机构、政府和公共部门以及服务机构四个主体,从创业机会生成、资源的传递和参与人的有限理性问题入手,依据演化博弈理论,构建机会型创业主体与高校和科研机构、机会型创业主体与政府和公共部门,以及机会型创业主体与服务机构的群体演化博弈模型,分析机会驱动型 NSE 主体的交互合作机制,探寻博弈双方行为的演化稳定策略。

5.1.1 演化稳定策略

演化稳定策略(简称为 ESS),最早是由 Smith 和 Price(1973)在演化生物学研究中提出的。[110]演化稳定策略反映的是博弈均衡可对外来的变异入侵产生抵御,具体过程是首先设定存在一个大的总体,通过重复随机选择的方式让其中某些个体进行博弈,这些被选中个体的博弈策略事先已经被规定完成;其次参与博弈的部分个体产生策略变异,选择了另外一种事先设定的策略,此时对这一种群体进行观察,假如策略变异并未对种群原有策略带来影响,则可知种群原有策略可获得较高的支付,产生变异的个体在生存压力作用下面临两种选择,或者改变自身策略以符合原来种群的发展需要,或者被整个种群演化排除。为了进一步扩大演化博弈论的应用范围,Weibull(1995)设计了数学表达式对这一理论进行准确刻画:[111]

首先,设定存在纯策略集合 $K = \{1,2,\cdots,k\}$ 以及与其相对应的混合策略集合 $\Delta = \{x \in R_+^k : \sum_{i \in K} x_i = 1\}$,该混合策略组合的多面体用 $\Theta = \Delta^2$ 表示。当博弈对方采取 $y(y \in \Delta)$ 时,博弈方采取策略 $x(x \in \Delta)$ 时的收益可表示为 $u(x,y) = x \cdot Ay$,式中 A 是博弈方的收益支付矩阵。若博弈对方选择策略 y,那么针对博弈方选择的与策略 $y \in \Delta$ 相互对应的最优策略 $x \in \Delta$ 可以用 $\beta^*(y) \subset \Delta$ 表示。

依照演化博弈论的基本原理,将群体中的原有策略(可能是纯策略也可能是混合策略)记为 $x \in \Delta$,部分个体产生的变异策略(可能是纯策略也可能是混合策略)记为 $y \in \Delta$;发生变异的个体比例记为 $\varepsilon(\varepsilon \in (0,1))$。此时该群体中存在两种策略状态不同的群体,按照随机重复抽取的方式使其产生博弈行为,且所有个体被抽取参与博弈的概率相同。依据上述设定,如果某一个体被抽中,那么它选择变异策略 y 对应的概率是 ε,选择群体原来策略的概率是 $1 - \varepsilon$,则最终的混合策略可以记为

$$\omega = \varepsilon y + (1 - \varepsilon)x, (\varepsilon \in \Delta) \tag{5-1}$$

同时,将原有策略和变异策略对应的博弈平均收益分别记为 $u(x,w)$ 和 $u(y,w)$,当后者小于前者时,存在:

$$u[x, \varepsilon y + (1 - \varepsilon)x] > u[y, \varepsilon y + (1 - \varepsilon)x] \tag{5-2}$$

则原有策略 $x \in \Delta$ 可被认为是演化稳定的,若比例 ε 达到足够小,那么式(5-2)对任意变异策略来说都存在。进一步拓展,若存在任意 $y \neq x$,$\forall (\bar{\varepsilon}_y \in (0,1))$ 能够使得满足一定条件的 $e \in (0, \bar{\varepsilon}_y)$ 在式(4-2)中成立,那么可以认为 $x \in \Delta$ 是演化稳定策略(ESS)。

将所有的演化稳定策略用集合 $\Delta^{ESS} \subset \Delta$ 的方式表示,当然这一集合也有可能是空集。集合内所包含的任何策略相对于个体自身都是最优策略,

若出现策略 x 非最优的情况,那么可知存在策略 y 能够使得个体获取比策略 x 更高的收益。如果这种变异策略在整个群体中占有足够小的比重,那么通过 u 自身的连续性特点可得,策略 y 针对种群所得收益高于原有策略 x。这种情况下,策略 x 就不具有演化稳定性。这时存在:

$$\Delta^{ESS} \subset \Delta^{NE} \qquad (5-3)$$

上式中,Δ^{NE} 代表具有对称性特征的纳什均衡。

同时,与纳什均衡比较而言,演化稳定策略所体现的限制要更为严密,即若策略 x 是演化稳定策略,那么该策略一定要比变异策略 y 更具优势,可表示为:

$$\Delta^{ESS} = \{ x \in \Delta^{NE} : u(x,y) < u(x,y) \} \qquad (5-4)$$

依据上述分析过程,可将演化稳定策略转化为另外一种表达方式,当且仅当存在条件:

$$u(y,x) \leq u(x,x) \qquad \forall y \qquad (5-5)$$

$$u(y,x) \leq u(x,x) \Rightarrow u(y,y) < u(x,y) \qquad \forall y \neq x \qquad (5-6)$$

则上式中的策略 x 就是演化稳定策略,符合 Smith 和 Price 的最初定义。

5.1.2 复制者动态方程

复制者动态方程是 Taylor 和 Jonker(1978)以及 Zeeman(2006)在讨论演化博弈论中的连续动态时提出来的。[112、113] 假设存在重复动态博弈过程,其中不同类型的参与人策略都是纯策略,并用 S 代表所有策略的集合,用 φ_t(s)表示 t 阶段时选择纯策略 s 的参与人集合,且 $s \in S$;用 θ_t(s)代表处在同样阶段时选择纯策略 s 参与人群比例向量,存在:

$$\theta_t(s) = \frac{\varphi_t(s)}{\Sigma_{r \in S} \varphi_r(r)} \qquad (5-7)$$

根据上式可得 t 阶段时选择纯策略 s 的参与人期望效应,记为:

$$u_t(s) = \Sigma_{r \in S} \varphi_t(r) \cdot u(r,s) \qquad (5-8)$$

上式中,$u(r,s)$代表在另外一种类型参与人选择纯策略 r 时,选择纯策略 s 的参与人的期望效用,进而能够得到群体平均期望效应,记为:

$$u_t(s) = \Sigma_{r \in S}\theta_t(s) \cdot u_t(s) \qquad (5-9)$$

依据 Taylor 和 Jonker 所构建的连续时间模仿者动态模型,可得:

$$\varphi_t'(s) = \varphi_t(s) \cdot u_t(s) \qquad (5-10)$$

通过对式(5-7)求导,并代入式(5-10)后得:

$$\frac{d\theta_t(s)}{dt} = \theta_t(s) \cdot [u_t(s) - \bar{u}_t(s)] \qquad (5-11)$$

式(5-11)就是复制动态方程,当$\frac{d\theta_t(s)}{dt} = 0$时,就能得到全部的稳定状态,之后就可以依据微分方程稳定性原理对稳定点附近的稳态进行分析,也可视为如果发生轻微扰动之后稳定状态对扰动的抵御程度,具体的稳定点及其邻域分析过程在后文仿真模型中会有详细应用。如果稳定状态 $\theta_t(s)$对微弱扰动干扰具有稳定性,可将其称为演化稳定策略。

5.2 演化博弈模型的基本假设

从第三章可知,以高校和科研机构为主的知识供给主体(以下简称"知识供给主体")、以专业服务商和胜任的人力资源为主的服务供给主体(以下简称"服务供给主体")以及以政府和公共管理部门为主的政策供给主体(以下简称"政策供给主体")共同影响着机会驱动型创业主体(以下简称"创业主体")通过发现创业机会而进行的创业活动,他们相互作用,交互合作。因此,可以通过构建创业主体与知识供给主体、创业主体与服务供给主体,以及创业主体与政策供给主体的群体演化博弈模型分析机会驱动型 NSE 的交互合作机制。

为了构建模型以便于分析,作出如下假设:

（1）知识供给主体会积极为创业主体提供创业教育资源，并积极培养创业主体快速发现创业机会；也可能局限于短期目标而不选择为创业主体提供教育资源，或不提供专业的创业知识的教育与传播，因此知识供给主体的策略空间为 S_1｛提供 A_1，不提供 A_2｝。知识供给主体选择"提供"策略的比例为 x，选择"不提供"策略的比例为 $1-x$，其中，$0 \leqslant x \leqslant 1$。

（2）政策供给主体为积极响应国家号召，及时推行创业政策，引导创业主体进一步发现创业机会进行创业活动；也可能由于政策推行难度及成本等因素选择维持现状，因此政府供给主体的策略空间为 S_2｛推行 B_1，不推行 B_2｝。政策供给主体选择"推行"策略的比例为 y，选择"不推行"策略的比例为 $1-y$，其中，$0 \leqslant y \leqslant 1$。

（3）服务供给主体为创业主体提供专业的金融、法律以及人力资源服务，共享有价值的创业信息，从而提高创业主体发现创业机会的频率，并提升创业绩效；也可能由于服务供给主体的服务成本以及外界政策环境等因素，选择提供无法满足创业主体进行创业活动的服务或不提供服务，因此服务供给主体的策略空间为 S_3｛服务 C_1，不服务 C_2｝。服务机构选择"服务"策略的比例为 z，选择"不服务"策略的比例为 $1-z$，其中，$0 \leqslant z \leqslant 1$。

（4）创业主体作为机会驱动型 NSE 的核心主体，通常情况下愿意获得知识、服务、信息等资源以发现创业机会；也可能由于成本等因素，选择不进行创业教育或不接受专业的服务等，因此创业主体的策略空间为 S_4｛合作 D_1，不合作 D_2｝。创业主体选择"合作"策略的比例为 a，选择"不合作"策略的比例为 $1-a$，其中，$0 \leqslant a \leqslant 1$。

5.3 创业主体与知识供给主体的演化博弈分析

5.3.1 演化博弈模型的建立

根据创业主体与知识供给主体双方策略的依存性，设置创业主体与知识供给主体的相关参数及含义,如表 5 - 1 所示。

表 5 - 1　主要参数及其含义(创业主体与知识供给主体)

参数符号	含　义
E_1	创业主体实施"合作"策略时发现创业机会获得的收益
E_2	创业主体实施"不合作"策略时发现创业机会获得的收益
E_3	知识供给主体实施"提供"策略时获得的收益
R	知识供给主体实施"提供"策略时为创业主体创造的收益
r	创业主体实施"合作"策略时为知识供给主体创造的收益
m_1	创业主体配合接受知识水平(受创业主体教育水平影响)
m_2	创业主体主动接受知识水平
v	知识供给主体的影响力度
Z	创业主体与知识供给主体"不合作"花费的发现创业机会的成本
C_c	创业主体与知识供给主体"合作"发现创业机会的成本
C_z	知识供给方为创业主体实施"提供"策略的成本
C_1	由于缺乏创业知识的支持,创业主体为了保证发现创业机会而投入的额外成本

根据 5.2 假设,利用博弈得益矩阵建立其演化模型,如表 5 - 2 所示。具体解释如下:

表 5 - 2　创业主体与知识供给主体间策略选择博弈的支付矩阵

知识供给 主体	创业主体	
	合作	不合作
提供	$E_3 + m_1 r - C_z, E_1 + R - m_1 C_c$	$E_3 - C_z, E_2 + vR - Z$
不提供	$m_2 r, E_1 - m_2 C_c - C_1$	$0, E_2$

其中,$0 < m_2 < m_1 < 1, 0 < v < 1, E_2 < E_1$。

当知识供给主体与创业主体的策略组合为(提供,合作)时,创业主体与知识供给主体等知识供给方实现了良性互动。创业主体可获得发现创业机会的收益 E_1，还可以获得知识供给主体为创业主体创造的收益 R；创业主体接收知识供给方提供的知识或教育的成本受其个人教育水平的影响，因此需付出的合作成本为 $m_1 C_c$；故创业主体采取合作策略的收益为 $E_1 + R - m_1 C_c$。知识供给主体可以获得提供创业主体知识策略的收益 E_3，还可以获得创业主体接受合作策略带来的收益 $m_1 r$；同时需付出为创业主体实施提供知识策略的成本 C_z；故知识供给主体采取"提供"策略的收益为 $E_3 + m_1 r - C_z$。

当知识供给主体与创业主体的策略组合为（提供，不合作）时，创业主体未能与知识供给主体实现互动。此时，创业主体采取"不合作"策略的收益为 E_2；但是知识供给主体依然实施"提供"策略，其影响力度为 v，为创业主体带来 vR 的收益；创业主体需付出选择"不合作"策略的成本 Z；故其实施"不合作"策略的收益为 $E_2 + vR - Z$。知识供给主体采取"提供"策略，其所获得的收益为 E_3；付出的成本为 C_z；故其实施"提供"策略的收益为 $E_3 - C_z$。

当知识供给主体与创业主体的策略组合为（不提供，合作）时，知识供给主体也未能与创业主体实现互动。此时，创业主体采取"合作"策略的收益为 E_1；此时知识供给主体实施"不提供"策略，故不存在其为创业主体带来的收益；但是创业主体需付出选择在其主动进行创业教育水平影响下的实施"合作"策略的成本 $m_2 C_c$；以及在缺乏知识供给主体的情况下，创业主体为了保证发现创业机会而投入的额外成本 C_1；故其实施"合作"策略的收益为 $E_1 - m_2 C_c - C_1$。知识供给主体采取"不提供"策略，其所获得的收益为创业主体主动进行创业教育水平影响下的创业主体实施"合作"策略为知识供给主体创造的收益，即 $m_2 r$；故其实施"不提供"策略的收益为 $m_2 r$。

当知识供给主体与创业主体的策略组合为（不提供，不合作）时，知识供给主体等知识供给方与创业主体无互动。此时，创业主体采取"不合作"策略的收益为 E_2。同时，知识供给主体实施"不提供"策略的收益为 0。

5.3.2 模型的复制动态方程

在创业主体与知识供给主体的博弈中,假设群体中使用某个策略的增长率等于该策略的相对适应度,则只要采取这个策略的个体适应度比群体的平均适应度高,该策略就会发展。设创业主体与知识供给主体的博弈模型中,创业主体选择"合作"和"不合作"策略的期望收益分别为 U_{11} 和 U_{12},平均期望收益为 U_1,则有:

$$U_{11} = x(E_1 + R - m_1 C_c) + (1 - x)(E_1 - m_2 C_c - C_1)$$

$$U_{12} = x(E_2 + vR - Z) + (1 - x)E_2$$

$$U_1 = aU_{11} + (1 - a)U_{12} = a[x(E_1 + R - m_1 C_c) + (1 - x)(E_1 - m_2 C_c - C_1)] + (1 - a)[x(E_2 + vR - Z) + (1 - x)E_2]$$

同理,知识供给主体选择"提供"策略的期望收益为 U_{21},选择"不提供"策略的期望收益为 U_{22},平均期望收益为 U_2,则有:

$$U_{21} = a(E_3 + m_1 r - C_z) + (1 - a)(E_3 - C_z)$$

$$U_{22} = am_2 r$$

$$U_2 = xU_{21} + (1 - x)U_{22} = x[a(E_3 + m_1 r - C_z) + (1 - a)(E_3 - C_z)] + (1 - x)am_2 r$$

由此,创业主体和知识供给主体策略的复制动态方程为:

$$
\begin{cases}
F_2(a) = \dfrac{da}{dt} = a(U_{11} - U_1) = a(1 - a)(U_{11} - U_{12}) \\
\quad = a(1 - a)[x(R - m_1 C_c + m_2 C_c + C_1 - vR + Z) + E_1 - m_2 C_c - C_1 - E_2) \\
F_1(x) = \dfrac{dx}{dt} x(U_{21} - U_2) = x(1 - x)(U_{21} - U_{22})] \\
\quad = x(1 - x)[a(m_1 r - m_2 r) + E_3 - C_z]
\end{cases}
$$

$$(5 - 12)$$

上式反映了创业主体和知识供给主体分别选择"提供"和"合作"策略条

件下的动态变动速度,两者共同形成了一个完整博弈系统的所有状态。通过式(5 - 12)可得,当且仅当 a = 0,1 或者 x = x* =

$$\frac{E_2 + m_2 C_c + C_1 - E_1}{R - m_1 C_c + m_2 C_c + C_1 - vR + Z}$$时,创业主体采取"合作"策略所占比例是稳定的;同理,当且仅当 x = 0,1 或者 a = a* = $\frac{C_z - E_3}{m_1 r - m_2 r}$时,知识供给主体采取"提供"策略的占比具有稳定性。

参考 Friedman 所提出的方法原理,如果要判定借助微分方程所反映的群体动态平衡点稳定性,可以通过对这一群体系统所对应的雅克比(Jacobian)矩阵中的局部稳定性进行分析。由此,从创业主体与知识供给主体的复制动态方程可得相应的雅克比矩阵形式:

$$j = \begin{Bmatrix} J1 & J2 \\ J3 & J4 \end{Bmatrix} =$$

$$\begin{Bmatrix} (1-2a)\big[x(R - m_1 C_c + m_2 C_c + C_1 - vR + Z) + E_1 - m_2 C_c - C_1 - E_2\big] & a(1-a)(R - m_1 C_c + m_2 C_c + C_1 - vR + Z) \\ x(1-x)(m_1 r - m_2 r) & (1-2x)\big[a(m_1 r - m_2 r) + E_3 - C_z\big] \end{Bmatrix}$$

为了研究微分方程平衡点的稳定性,此处定义变量:一是由矩阵的迹 $trJ = J_1 + J_4$,二是矩阵的行列式 $detJ = J_1 * J_4 - J_2 * J_3$。根据微分方程平衡点的稳定性理论,存在如下定理:如果 $detJ > 0$ 同时 $trJ < 0$,则平衡点 $D_{10}(a_0, x_0)$稳定;如果 $detJ < 0$ 或 $trJ > 0$,则平衡点 $D_{10}(a_0, x_0)$不稳定;矩阵的迹 trJ 和矩阵的行列式 $detJ$ 同时为正则该点为不稳定点,一正一负或者同时为负则该点为鞍点。

5.3.3 模型均衡点及其稳定性分析

演化稳定策略(ESS),是指有限理性的主体依据其既得利益不断调整策略以追求自身利益的改善,最终达到一种动态平衡。演化博弈分析的关键在于求出均衡点,根据均衡点分析系统的演化稳定策略。[114]

为使得双方博弈更接近现实,需增加约束条件。按照机会驱动型创业主体的实际情况,在知识供给者主体提供创业相关知识和教育的情况下,创业主体合作的收益一般会大于不合作的收益,否则,将降低创业主体主动学习进而快速识别或开发创业机会的积极性,即 $E_1 + R - m_1 C_c > E_2 + vR - Z$;在知识供给主体不提供创业知识或创业再教育的情况下,创业主体实施不合作策略的收益必然大于实施合作策略的收益,即 $E_2 > E_1 - m_2 C_c - C_1$;同理,在创业主体选择合作的策略下,知识供给主体提供知识策略的收益必然大于不提供的收益,这是为了调动高校和科研院所尽快融入机会驱动性 NSE 的必备条件,即 $E_3 + m_1 r - C_z > m_2 r$,由此,可以得到知识供给主体和创业主体博弈系统的均衡解的约束条件,即 $0 > E_3 - C_z > m_2 r - m_1 r$,且 $E_1 + R - m_1 C_c - vR + Z > E_2 > E_1 - m_2 C_c - C_1$。此时,结合复制动态方程 $F_1(a)$ 和 $F_1(x)$,在平面 $M_1 = \{(a, x) \mid 0 \le a \le 1, 0 \le x \le 1\}$ 上,解出知识供给主体和创业主体组成的系统存在 5 个局部平衡点,即 $D_{11}(0, 0)$, $D_{12}(0, 1)$, $D_{13}(1, 0)$, $D_{14}(1, 1)$, $D_{15}\left(\dfrac{C_Z - E_3}{m_1 r - m_2 r}, \dfrac{E_2 + m_2 C_c + C_1 - E_1}{R - m_1 C_c + m_2 C_c + C_1 - vR + Z} \right)$。根据雅克比矩阵的局部稳定分析法,对这 5 个平衡点进行分析,具体见表 5 - 3。

表 5 - 3　局部稳定分析结果

均衡点	DetJ		TrJ		结果
$a = 0, x = 0$	$(E_1 - m_2 C_c - C_1 - E_2) * (E_3 - C_z)$	+	$E_1 - m_2 C_c - C_1 - E_2 + E_3 - C_z$	−	ESS
$a = 0, x = 1$	$(R - m_1 C_c + m_2 C_c + C_1 - vR + Z + E_1 - m_2 C_c - C_1 - E_2) * (C_z - E_3)$	+	$R - m_1 C_c + m_2 C_c + C_1 - vR + Z + E_1 - m_2 C_c - C_1 - E_2 + C_z - E_3$	+	不稳定
$a = 1, x = 0$	$-(E_1 - m_2 C_c - C_1 - E_2) * (m_1 r - m_2 r + E_3 - C_z)$	+	$-(E_1 - m_2 C_c - C_1 - E_2) + (m_1 r - m_2 r + E_3 - C_z)$	+	不稳定
$a = 1, x = 1$	$-(R - m_1 C_c + m_2 C_c + C_1 - vR + E_1 - m_2 C_c - C_1 - E_2) * [-(m_1 r - m_2 r + E_3 - C_z)]$	+	$-(R - m_1 C_c + m_2 C_c + C_1 - vR + Z + E_1 - m_2 C_c - C_1 - E_2) - (m_1 r - m_2 r + E_3 - C_z)$	−	ESS

均衡点	DetJ	TrJ	结果
$a = \dfrac{C_z - E_3}{m_1 r - m_2 r}$, $x = \dfrac{E_2 + m_2 C_c + C_1 - E_1}{R - m_1 C_c + m_2 C_c + C_1 - vR + Z}$	$-\left[(C_z - E_3)\left(1 - \dfrac{C_z - E_3}{m_1 r - m_2 r}\right)\right]$ * $(E_2 + m_2 C_c + C_1 - E_1)\left(1 - \right.$ — 0 $\left.\dfrac{E_2 + m_2 C_c + C_1 - E_1}{R - m_1 C_c + m_2 C_c + C_1 - vR + Z}\right)$		鞍点

据表 5 - 3 可知,系统的 5 个均衡点中有两个是稳定的,为演化稳定策略(ESS),分别对应于两个极端模式:不良的"锁定状态"(0,0)和理想状态(1,1)。$D_{11}(0,0)$ 即为创业主体不合作、知识供给主体不提供的状态;$D_{14}(1,1)$ 即为创业主体合作、知识供给主体提供的状态。$D_{12}(0,1)$、$D_{13}(1,0)$ 为不稳定点,$D_{15}\left(\dfrac{C_z - E_3}{m_1 C_c + m_2 r}, \dfrac{E_2 + m_2 C_c + C_1 - E_1}{R - m_1 C_c + m_2 C_c + C_1 - vR + Z}\right)$ 为鞍点,这三点连成的折线是系统收敛于不同策略模式的临界线,由此可以得到知识供给主体与创业主体交互的动态过程图,如图 5 - 1 所示。

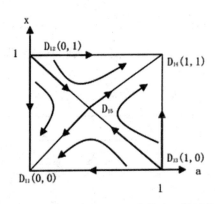

图 5 - 1 知识供给主体与创业主体交互的动态过程

图 5 - 1 中,不平衡点 D_{12},D_{13} 和鞍点 D_{15} 连成的折线可以看作是系统收敛于不同模式的临界线。初始状态在 $D_{11} D_{12} D_{15} D_{13}$ 区域内时,系统都将收敛于(不提供,不合作)模式,即知识供给主体不提供和创业主体不合作,双方

不作为必然会影响机会驱动型 NSE 的发展,这是一种"不良"状态;而当初始状态在 $D_{13}D_{15}D_{12}D_{14}$ 区域时,系统都将收敛于(提供,合作)模式,即知识供给主体提供和创业主体合作,这是机会驱动型 NSE 的一种比较理想的状态。

5.3.4 模型参数分析及系统相位图

本节主要对影响知识供给主体和创业主体系统演化结果的参数进行逐一分析,并绘制相应的系统相位图。此处不考虑参数的联动反应,对于参数的联动反应,可以在满足条件($0 \leq \dfrac{C_z - E_3}{m_1 r - m_2 r} \leq 1, 0 \leq$

$\dfrac{E_2 + m_2 C_c + C_1 - E_1}{R - m_1 C_c + m_2 C_c + C_1 - vR + Z} \leq 1$)的情况下,对参数赋值,通过数值仿真观察各组参数对系统演化结果的影响。

(1)参数 v、m_2

v 是知识供给主体的影响力度。由鞍点 D_{15} 和约束条件可知,在其他参数不变的情况下,当知识供给主体的影响力度 v 加大时,D_{15} 垂直上移(见图 5−2),不利于系统的良性演化。这说明高校和科研院所若向创业主体提供创业知识或创业教育的力度过大,并不能提升机会驱动型 NSE 的效率,过度的知识供给必将降低创业主体对创业知识的渴求程度,最终会限制创业主体对急需知识的误判。m_2 是创业主体主动接受知识的水平,m_2 增大使得 D_{15} 向右上方移动(见图 5−6),"不良"模式 $D_{11}D_{12}D_{15}D_{13}$ 区域扩大。这说明缺乏知识供给主体提供的有效知识,即使创业主体主动接受知识的水平很高,但依然无法获取有用的创业知识用于识别或开发创业机会,进而促进创业行为。因此,知识供给主体对创业主体提供有效合理的创业知识教育不可忽视。

(2)参数 R,r

R 是知识供给主体实施"提供"策略时为创业主体创造的收益,由鞍点

D_{15} 和约束条件可知,在其他参数不变的情况下,R 增加时,D_{15} 垂直下移(见图 5 - 3),使区域 $D_{13}D_{15}D_{12}D_{14}$ 的面积增加,系统演化至 ESS 稳定点 D_{14} 的可能性增加,有利于系统的良性演化。r 是指创业主体实施"合作"策略时为知识供给主体创造的收益,在其他参数不变的情况下,当 r 增加时,D_{15} 水平左移(见图 5 - 4),系统收敛于理想模式的概率增加。说明知识供给主体实施"提供"策略,创业主体实施"合作"策略有利于机会驱动型 NSE 的发展。

(3)参数 Z

Z 是指创业主体与知识供给主体"不合作"花费的发现创业机会的成本。由鞍点 D_{15} 和约束条件可知,在其他参数不变的情况下,当 Z 增加时,D_{15} 垂直下移(见图 5 - 3),使区域 $D_{13}D_{15}D_{12}D_{14}$ 的面积增加,系统演化至 ESS 稳定点 D_{14} 的可能性增加,有利于系统的良性演化。说明创业主体若不接受知识供给主体提供的创业知识和教育,那么将花费更多的成本进行创业机会的识别或开发,这一惩罚性的成本有利于促进机会驱动型 NSE 的发展。

(4)参数 C_c,C_z,C_1

C_c 是创业主体与知识供给主体"合作"发现创业机会的成本,由鞍点 D_{15} 和约束条件可知,在其他参数不变的情况下,C_c 增加时,D_{15} 垂直上移(见图 5 - 2),系统收敛于理想模式的概率减少,不利于系统的良性演化。C_z 是知识供给方为创业主体实施"提供"策略的成本,在其他参数不变的情况下,C_z 增加时,D_{15} 水平右移(见图 5 - 5),系统收敛于理想模式的概率减少,不利于系统的良性演化。C_1 是由于缺乏创业知识的支持,创业主体为了保证发现创业机会而投入的额外成本,当 C_1 增加时,D_{15} 垂直上移(见图 5 - 2),系统收敛于理想模式的概率减少,不利于系统的良性演化。可见,参数 C_c,C_z,C_1 的增加,都不利于系统的良性演化,说明机会驱动型 NSE 的发展过程中需要合理地控制成本。

(5)参数 E_1、E_2、E_3

E_1 是创业主体实施"合作"策略时发现创业机会的收益,在其他参数不变的情况下,E_1 增加时,D_{15} 垂直下移(见图 5-3),有利于系统的良性演化。E_2 是创业主体实施"不合作"策略时发现创业机会获得的收益,在其他参数不变的情况下,E_2 增加时,D_{15} 垂直上移(见图 5-2),不利于系统的良性演化,说明创业主体在不愿意接受知识供给主体提供的创业知识和教育的情况下,即使其短期的收益增加,但却妨碍了其进行创业机会再探索的渠道,这并不能促进机会驱动型 NSE 的稳定。E_3 是知识供给主体实施"提供"策略时获得的收益,在其他参数不变的情况下,E_3 增加时,D_{15} 水平左移(见图 5-4),系统收敛于理想模式的概率增加。

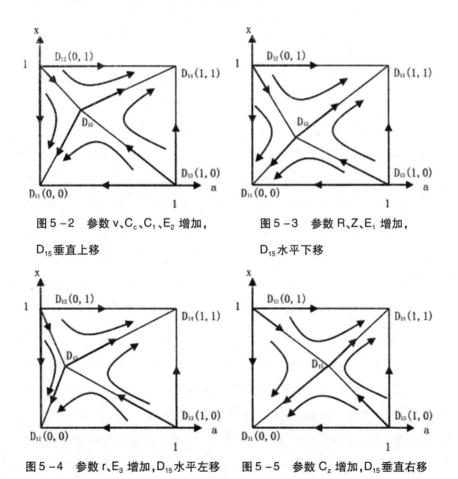

图 5-2　参数 v、C_c、C_1、E_2 增加,
D_{15} 垂直上移

图 5-3　参数 R、Z、E_1 增加,
D_{15} 水平下移

图 5-4　参数 r、E_3 增加,D_{15} 水平左移

图 5-5　参数 C_z 增加,D_{15} 垂直右移

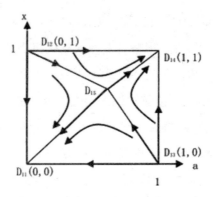

图 5 - 6　参数 m_2 增加，D_{15} 右上移动

5.3.5 数值实验及结果分析

通过对构建模型的演化稳定策略进行数理分析，在此基础上设置一些参数，利用计算机仿真方法进行动态演化的具体研究。对式（5 - 12）中的博弈系统，借助 Matlab R2016a 编程进行博弈过程仿真（见附录2）。

（1）选择某种策略的初始群体比例变化对演化结果的影响。其中，图中横轴表示时间，纵轴表示双方利益主体选择合作和提供策略的比例，即知识供给主体选择"提供"策略和创业主体选择"合作"策略的意向。依据经验，参数取值分别为：$E_1 = 8$，$E_2 = 4$，$E_3 = 1$，$C_c = 2$，$C_z = 3$，$C_1 = 4$，$R = 4$，$r = 6$，$m_1 = 0.8$，$m_2 = 0.2$，$v = 0.4$，$Z = 1$，其中，$0 \leqslant a* \leqslant 1$，$0 \leqslant x* \leqslant 1$，$0 < m_2 < m_1 < 1$，$0 < v < 1$，$E_2 < E_1$。此时 $a* = 0.56$，$x* = 0.06$。图 5 - 7 显示了在不同初始状态下创业主体选择合作行为的演化路径依赖性及其演化结果：（a）不同初始条件下，收敛曲线、出发的路径在收敛到均衡状态之前均不会重叠相交；（b）曲线收敛速度的快慢与知识供给主体和创业主体策略的初始概率有关，且初始概率越接近均衡状态，收敛速度越快；（c）在知识供给主体（x）和创业主体（a）选择的初始策略概率相同的情况下，即 $a_0 = 0.5$、$x_0 = 0.5$，知识供给主体实施"提供"策略的初始概率越大，创业主体行为演化到选择"合作"的稳定状态的可能性越大；（d）当知识供给主体积极实施"提供"策略的

初始概率接近理想状态时,创业主体选择"合作"的初始概率越大,越会以更快的速度达到立项的稳定状态,见图 5-8。

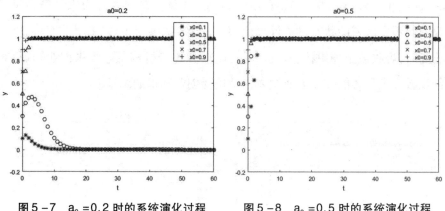

图 5-7　a_0 =0.2 时的系统演化过程　　图 5-8　a_0 =0.5 时的系统演化过程

　　(2)创业主体配合接受知识水平 m_1 对演化结果的影响。数值实验结果如图 5-9 和图 5-10 所示。当其他参数不变时,对比 m_1 值的变化可发现,当创业主体配合接收知识水平降低至 0.55 时($a*$ =0.95,$x*$ =0.06),收敛到不良区域的可能性变大,但在知识供给主体"提供"策略概率较高时,仍可以保障机会驱动型 NSE 的运行。对比图 5-9 和 5-10 可见,当创业主体配合接收知识水平增高时,收敛到理想状态的可能性变大。

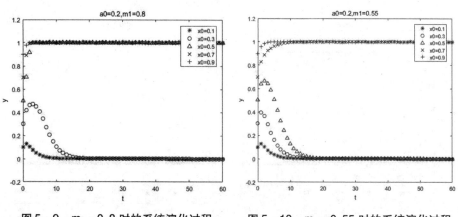

图 5-9　m_1 =0.8 时的系统演化过程　　图 5-10　m_1 =0.55 时的系统演化过程

（3）创业主体主动接受知识水平 m_2 对演化结果的影响。数值实验结果如图 5-11 和图 5-12 所示。当其他参数不变时，对比 m_2 值的变化至 0.45 时（$a* = 0.95, x* = 0.13$），可发现，当创业主体主动接受知识水平升高时，收敛到不良区域的状态可能性增大，但是当知识供给主体"提供"策略概率很高时，可收敛至理想状态。这表明，高校和科研机构普遍提供创业知识和创业教育项目才能推动创业主体主动接受创业知识的水平。

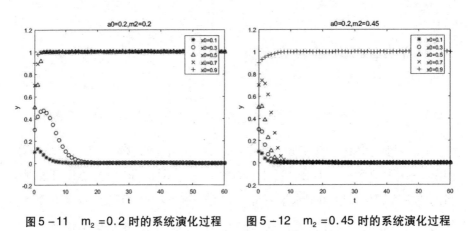

图 5-11 $m_2 = 0.2$ 时的系统演化过程   图 5-12 $m_2 = 0.45$ 时的系统演化过程

（4）知识供给主体的影响力度 v 对演化结果的影响。数值实验结果如图 5-13 和图 5-14 所示。当其他参数不变时，对比 v 值的变化至 0.99 时

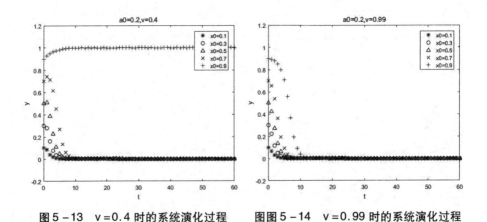

图 5-13   v = 0.4 时的系统演化过程   图图 5-14   v = 0.99 时的系统演化过程

$(a* =0.56,x* =0.10)$可发现,当知识供给主体的影响力度增加时,反而系统演化至不良模式的概率增加,因此可以认为并非知识供给主体的影响力度越大越好,需要确定合理的影响力度。

5.4 创业主体与政策供给主体的演化博弈分析

5.4.1 演化博弈模型的建立

根据创业主体与政策供给主体双方策略的依存性,设置创业主体与政策供给主体的相关参数及含义,如表 5-4 所示。

表 5-4 主要参数及其含义(创业主体与政策供给主体)

参数符号	含 义
E_1	创业主体实施"合作"策略时发现创业机会的收益
E_2	创业主体实施"不合作"策略时发现创业机会获得的收益
E_4	政策供给主体实施"推行"策略时获得的收益
E_5	政策供给主体实施"不推行"策略时获得的收益
T	政策供给主体实施"推行"策略时为创业主体创造的收益
t	创业主体实施"合作"策略时为政策供给主体创造的收益
n_1	创业主体配合接受政策实施的力度
n_2	创业主体主动实施政策的意愿
w	政策供给主体的推行力度
G	创业主体与政策供给主体"不合作"花费的发现创业机会的成本
C_{c2}	创业主体与政策供给主体"合作"发现创业机会的成本
C_g	政策供给方实施"推行"策略的成本
C_2	由于缺乏政府政策的支持,创业主体为了保证发现创业机会而投入的额外成本

根据5.2假设,利用博弈得益矩阵建立其演化模型,如表5-5所示。具体解释如下:

表5-5　创业主体与政策供给主体间策略选择博弈的支付矩阵

政策供给主体	创业主体	
	合作	不合作
推行	$E_4 + n_1 t - C_g , E_1 + T - n_1 C_{c2}$	$E_4 - C_g , E_2 + wT - G$
不推行	$E_5 + n_2 t , E_1 - C_2 - n_2 C_{c2}$	E_5 , E_2

其中,$0 < w < 1 , E_2 < E_1 , E_5 < E_4 , 0 < n_2 < n_1 < 1$。

当政策供给主体与创业主体的策略组合为(推行,合作)时,创业主体与政策供给主体实现了良性互动。创业主体可获得发现创业机会的收益 E_1;还可以获得政策供给主体为创业主体创造的收益 T;一般情况下,创业主体全盘接收政策供给主体提供的创业政策,因此需付出的合作成本为 $n_1 C_{c2}$;故创业主体采取合作策略的收益为 $E_1 + T - n_1 C_{c2}$。政策供给主体可以获得推行创业政策策略的收益 E_4;还可以获得创业主体接受合作策略带来的收益 $n_1 t$;同时需付出推行创业政策策略的成本 C_g;故政策供给主体采取"推行"策略的收益为 $E_4 + n_1 t - C_g$。

当政策供给主体与创业主体的策略组合为(推行,不合作)时,创业主体未能与政策供给主体实现互动。此时,创业主体采取"不合作"策略的收益为 E_2;但是政策供给主体依然实施"推行"策略,其影响力度为 w,为创业主体带来 wT 的收益;创业主体需付出选择"不合作"策略的成本 G;故其实施"不合作"策略的收益为 $E_2 + wT - G$。政策供给主体采取"推行"策略,其所获得的收益为 E_4;付出的成本为 C_g;故其实施"推行"策略的收益为 $E_4 - C_g$。

当政策供给主体与创业主体的策略组合为(不推行,合作)时,政策供给主体未能与创业主体实现互动。此时,创业主体采取"合作"策略的收益为 E_1;政策供给主体实施"不推行"策略,故不会为创业主体带来收益;由于缺乏政府政策的扶持,创业主体需付出额外的成本去发现创业机会 C_2；以及创业主体采取"合作"策略付出的成本 $n_2 C_{c2}$；故其实施"合作"策略的收益为 $E_1 - C_2 - n_2 C_{c2}$。政策供给主体采取"不推行"策略,其所获得的收益为其本身采取策略的收益 E_5 和创业主体实施"合作"策略时为政策供给主体创造的收益,即 $n_2 t$；故其实施"不推行"策略的收益为 $E_5 + n_2 t$。

当政策供给主体与创业主体的策略组合为(不推行,不合作)时,政策供给主体与创业主体无互动。此时,创业主体采取"不合作"策略的收益为 E_2。同时,政策供给主体实施"不推行"策略的收益为 E_5,无成本。故其收益为 E_5。

5.4.2 模型的复制动态方程

在创业主体与政策供给主体的博弈中,假设群体中使用某个策略的增长率等于该策略的相对适应度,那么只要采取这个策略的个体适应度比群体的平均适应度高,该策略就会发展。设在创业主体与政策供给主体的博弈模型中,创业主体选择"合作"和"不合作"策略的期望收益分别为 U_{31} 和 U_{32},平均期望收益为 U_3,则有:

$$U_{31} = y(E_1 + T - n_1 C_{c2}) + (1 - y)(E_1 - C_2 - n_2 C_{c2})$$

$$U_{32} = y(E_2 + wT - G) + (1 - y)E_2$$

$$U_3 = aU_{31} + (1 - a)U_{32} = a[y(E_1 + T - n_1 C_{c2}) + (1 - y)(E_1 - C_2 - n_2 C_{c2})] + (1 - a)[y(E_2 + wT - G) + (1 - y)E_2]$$

同理,政策供给主体选择"提供"策略的期望收益为 U_{41},选择"不提供"策略的期望收益为 U_{42},平均期望收益为 U_4,则有:

$$U_{41} = a(E_4 + n_1 t - C_g) + (1 - a)(E_4 - C_g)$$

$$U_{42} = a(E_5 + n_2 t) + (1 - a)E_5$$

$$U_4 = yU_{41} + (1 - y)U_{42} = y[a(E_4 + n_1 t - C_g) + (1 - a)(E_4 - C_g)] + (1 - y)[a(E_5 + n_2 t) + (1 - a)E_5]$$

由此,创业主体和政策供给主体策略的复制动态方程为:

$$
\begin{cases}
F_2(a) = \dfrac{da}{dt} = a(U_{31} - U_3) = a(1-a)(U_{31} - U_{32}) \\
\quad = a(1-a)\left[y(T - wT + G + C_2 - n_1 C_{c2} + n_2 C_{c2}) + E_1 - C_2 - n_2 C_{c2} - E_2\right) \\
F_2(y) = \dfrac{dy}{dt} y(U_{41} - U_4) = x(1-y)(U_{41} - U_{42})\Big] \\
\quad = y(1-y)\left[a(n_1 t - n_2 t) + E_4 - C_g - E_5\right]
\end{cases}
$$

上式反映了创业主体和政策供给主体分别选择"推行"和"合作"策略条件下的动态变动速度,两者共同形成了一个完整博弈系统的所有状态。通过上式可得,当且仅当 $a = 0,1$ 或者 $y = y* = \dfrac{E_2 + n_2 C_{c2} + C_2 - E_1}{T - wT + g + C_2 - n_1 C_{c2} + n_2 C_{c2}}$ 时,创业主体采取"合作"策略所占比例是稳定的;同理,当且仅当 $y = 0,1$ 或者 $a = a* = \dfrac{C_g - E_4 + E_5}{n_1 t - n_2 t}$ 时,政策供给主体采取"推行"策略的占比才具有稳定性。

复制动态方程相应的雅克比矩阵形式为:

$$
j = \begin{Bmatrix} J1 & J2 \\ J3 & J4 \end{Bmatrix} =
$$

$$
\begin{Bmatrix}
(1-2a)\left[y(T - wT + G + C_2 - n_1 C_{c2} + n_2 C_{c2}) + E_1 - C_2 - n_2 C_{c2} - E_2\right] & a(1-a)(T - wT + G + C_2 - n_1 C_{c2} + n_2 C_{c2}) \\
y(1-y)(n_1 t - n_2 t) & (1-2y)\left[a(n_1 t - n_2 t) + E_4 - C_g - E_5\right]
\end{Bmatrix}
$$

矩阵的迹 $trJ = J1 + J4$,矩阵的行列式 $detJ = J_1 * J_4 - J_2 * J_3$。因此,$trJ = (1-2a)\left[y(T - wT + G + C_2 - n_1 C_{c2} + n_2 C_{c2}) + E_1 - C_2 - n_2 C_{c2} - E_2\right] + (1-2y)\left[a(n_1 t - n_2 t) + E_4 - C_g - E_5\right]$,$detJ = (1-2a)\left[y(T - wT + G + C_2 - n_1 C_{c2} + n_2 C_{c2}) + E_1 - C_2 - n_2 C_{c2} - E_2\right](1-2y)\left[a(n_1 t - n_2 t) + E_4 - C_g - E_5\right] - a(1-a)(T - wT + G + C_2 - n_1 C_{c2} + n_2 C_{c2})y(1-y)(n_1 t - n_2 t)$。

4.4.3 模型均衡点及其稳定性分析

为使双方博弈更接近现实,需增加约束条件。按照机会驱动型创业主

体的实际情况,在政策供给者主体推行创业相关政策的情况下,创业主体合作的收益一般会大于不合作的收益,否则,将降低创业主体主动执行创业政策的积极性,即 $E_1 + T - n_1C_{c2} > E_2 + wT - G$;在政策供给主体不推行创业政策的情况下,创业主体实施不合作策略的收益必然大于实施合作策略的收益,即 $E_2 > E_1 - C_2 - n_2C_{c2}$;同理,在创业主体选择合作的策略下,政策供给主体实施政策推行策略的收益必然大于不提供的收益,这是为了推动政府尽快推行政策以促进创业主体创业,并融入机会驱动性 NSE 的必备条件,即 $E_4 + n_1t - C_g > E_5 + n_2t$;但是当创业主体选择"不合作"策略时,政策供给主体不推行政策的策略收益一定大于推行政策的策略收益,即 $E_5 > E_4 - C_g$。由此,可以得到政策供给主体和创业主体博弈系统的均衡解的约束条件,即 $E_4 - C_g - E_5 > n_2t - n_1t$,$E_5 > E_4 - C_g$ 且 $E_1 + T - n_1C_{c2} - wT + G > E_2 > E_1 - C_2 - n_2C_{c2}$。此时,结合复制动态方程 $F_2(a)$ 和 $F_2(y)$,在平面 $M_2 = \{(a,y) | 0 \leq a \leq 1, 0 \leq y \leq 1\}$ 上,解出知识供给主体和创业主体组成的系统存在 5 个局部平衡点,即 $D_{21}(0,0)$,$D_{22}(0,1)$,$D_{23}(1,0)$,$D_{24}(1,1)$,$D_{25}\left(\dfrac{C_g - E_4 + E_5}{n_1t - n_2t}, \dfrac{E_2 + n_2C_{c2} + C_2 - E_1}{T - wT + G + C_2 - n_1C_{c2} + n_2C_{c2}} \right)$。根据雅克比矩阵的局部稳定分析法,对这 5 个平衡点进行分析,具体见表 5-6。

表 5-6　局部稳定分析结果

均衡点	DetJ		TrJ		结果
$a=0, y=0$	$(E_1 - C_2 - n_2C_{c2} - E_2) * (E_4 - C_g - E_5)$	$+$	$E_2 - C_2 - n_2C_{c2} - E_2 + E_4 - C_g - E_5$	$-$	ESS
$a=0, y=1$	$-(T - wT + G - n_1C_{c2}) + E_1 - E_2)(E_4 - C_g - E_5)$	$+$	$T - wT + G - n_1C_{c2} + E_1 - E_2 - (E_4 - C_g - E_5)$	$+$	不稳定
$a=1, y=0$	$-(E_1 - C_2 - n_2C_{c2} - E_2)(n_1t - n_2t + E_4 - C_g - E_5)$	$+$	$-(E_1 - C_2 - n_2C_{c2} - E_2) + n_1t - n_2t + E_4 - C_g - E_5)$	$+$	不稳定

续表

均衡点	DetJ	TrJ	结果
$a=1, y=1$	$(T-wT+G-n_1C_{c2}+E_1-E_2)[(n_1t$ $-n_2t)+E_4-C_g-E_5]$	$-(T-wT+G-n_1C_{c2}+E_1-E_2)$ $+$ $-[(n_1t-n_2t)+E_4-C_g-E_5]$	ESS
$a=\dfrac{C_g-E_4-E_5}{n_1t-n_2t},$ $x=\dfrac{E_2+n_2C_{c2}+C_2-E_1}{T-wT+G+C_2-n_1C_{c2}+n_2C_{c2}}$	$-(C_g-E_4+E_5)(1-\dfrac{C_g-E_4+E_5}{n_1t-n_2t})]$ $(E_2+n_2C_{c2}+C_2-E_1)(1-$ $\dfrac{E_2+n_2C_{c2}+C_2-E_1}{T-wT+G+C_2-n_1C_{c2}+n_2C_{c2}})$	$-$ 0	鞍点

据表 5-6 可知,系统的 5 个均衡点中有两个是稳定的,为演化稳定策略(ESS),分别对应于两个极端模式:不良的"锁定状态"(0,0)和理想状态(1,1)。$D_{21}(0,0)$ 即为创业主体不合作、政策供给主体不提供的状态;$D_{24}(1,1)$ 即为创业主体合作、知识供给主体提供的状态。$D_{22}(0,1)$、$D_{23}(1,0)$ 为不稳定点,$D_{25}\left(\dfrac{C_g-E_4+E_5}{n_1t-n_2t},\dfrac{E_2+n_2C_{c2}+C_2-E_1}{T-wT+G+C_2-n_1C_{c2}+n_2C_{c2}}\right)$ 为鞍点,这三点连成的折线是系统收敛于不同策略模式的临界线,由此可以得到知识供给主体与创业主体交互的动态过程图,如图 5-15 所示。

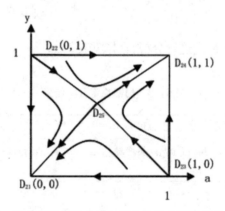

图 5-15 知识供给主体与创业主体交互的动态过程

图 5-15 中,不平衡点 D_{22}、D_{23} 和鞍点 D_{25} 连成的折线可以看作系统收敛

于不同模式的临界线。初始状态在 $D_{21}D_{22}D_{25}D_{23}$ 区域内时,系统都将收敛于(不推行,不合作)模式,即政策供给主体不推行和创业主体不合作,双方不作为必然会影响机会驱动型 NSE 的发展,这是一种"不良"状态;而当初始状态在 $D_{23}D_{25}D_{22}D_{24}$ 区域时,系统都将收敛于(推行,合作)模式,即政策供给主体提供和创业主体合作,这是机会驱动型 NSE 的一种比较理想的状态。

5.4.4 模型参数分析及系统相位图

本节主要对影响政策供给主体和创业主体系统演化结果的参数进行逐一分析,并绘制相应的系统相位图。此处不考虑参数的联动反应,对于参数的联动反应,可以在满足条件($0 \leqslant \dfrac{C_g - E_4 + E_5}{n_1 t - n_2 t} \leqslant 1, 0 \leqslant$

$\dfrac{E_2 + n_2 C_{c2} + C_2 - E_1}{T - wT + G + C_2 - n_1 C_{c2} + n_2 C_{c2}} \leqslant 1$)的情况下,对参数赋值,通过数值仿真观察各组参数对系统演化结果的影响。

（1）参数 w, n_1, n_2

w 是政策供给主体的推行力度。由鞍点 D_{25} 和约束条件可知,在其他参数不变的情况下,当政策供给主体的推行力度 w 加大时,D_{25} 垂直上移(见图 5-16),不利于系统的良性演化。这说明政府若向创业主体推行创业政策的力度过大,并不能提升机会驱动型 NSE 的效率,单纯过度的政策供给在创业主体未必有较高的主动实施意愿时,会限制创业主体的创业过程。n_1 是创业主体配合接受政策实施的力度,n_1 增大,D_{25} 向左上方移动,无法确定"不良"模式 $D_{11}D_{12}D_{15}D_{13}$ 区域是否扩大,需通过数值仿真图进一步探讨。n_2 是创业主体主动实施政策的意愿,n_2 增大,D_{25} 向右上方移动(见图 5-20),促使"不良"模式 $D_{11}D_{12}D_{15}D_{13}$ 区域扩大。这说明缺乏政府供给主体推行的有效政策,即使创业主体主动接收并实施创业政策的意愿强烈,但依然无法通过获取有用的创业政策来提升创业过程。因此,政策供给主体向创业主体推行有效合理的创业政策是机会驱动型 NSE 中的必要条件。

（2）参数 T,t

T 是政策供给主体实施"推行"策略时为创业主体创造的收益,由鞍点 D_{25} 和约束条件可知,在其他参数不变的情况下,T 增加时,D_{25} 垂直下移(见图 5 - 17),使区域 $D_{23}D_{25}D_{22}D_{24}$ 的面积增加,系统演化至 ESS 稳定点 D_{24} 的可能性增加,有利于系统的良性演化。t 是指创业主体实施"合作"策略时为政策供给主体创造的收益,在其他参数不变的情况下,当 t 增加时,D_{25} 水平左移(见图 5 - 18),系统收敛于理想模式的概率增加。说明政策供给主体实施"推行"策略,创业主体实施"合作"策略有利于机会驱动型 NSE 的发展。

（3）参数 G

G 是创业主体与政策供给主体"不合作"花费的发现创业机会的成本。由鞍点 D_{25} 和约束条件可知,在其他参数不变的情况下,当 G 增加时,D_{25} 垂直下移(见图 5 - 17),使区域 $D_{23}D_{25}D_{22}D_{24}$ 的面积增加,系统演化至 ESS 稳定点 D_{24} 的可能性增加,有利于系统的良性演化。说明创业主体若不与政策供给主体推行的政策进行合作,必将花费更多的成本进行创业机会的识别或开发,成本的发生将有利于鼓励创业主体选择"合作"策略,进而推动机会驱动型 NSE 的发展。

（4）参数 C_{c2},C_g,C_2

C_{c2} 是创业主体与政策供给主体"合作"发现创业机会的成本,由鞍点 D_{25} 和约束条件可知,在其他参数不变的情况下,C_{c2} 增加时,D_{25} 垂直上移(见图 5 - 16),系统收敛于理想模式的概率减少,不利于系统的良性演化。C_g 是政策供给主体为创业主体实施"推行"策略的成本,在其他参数不变的情况下,C_g 增加时,D_{25} 水平右移(见图 5 - 19),系统收敛于理想模式的概率减少,不利于系统的良性演化。C_2 是由于缺乏创业政策的支持,创业主体为了保证发现创业机会而投入的额外成本,当 C_2 增加时,D_{25} 垂直上移(见图 5 - 16),系统收敛于理想模式的概率减少,不利于系统的良性演化。可见,参数

C_{c2}、C_g、C_2 的增加,都不利于系统的良性演化,说明机会驱动型 NSE 的发展过程中需要合理地控制成本。

(5)参数 E_4,E_5

E_4 是政策供给主体实施"推行"策略时获得的收益,在其他参数不变的情况下,E_4 增加时,D_{25} 水平左移(见图 5 – 18),有利于系统的良性演化。E_5是政策供给主体实施"不推行"策略时获得的收益,在其他参数不变的情况下,E_5 增加时,D_{25} 水平右移(见图 5 – 19),系统收敛于理想模式的概率减少。

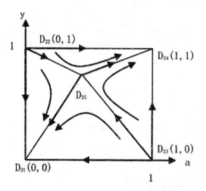

图 5 – 16　参数 w、C_{c2}、C_2 增加,D_{25} 垂直上移

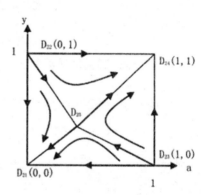

图 5 – 17　参数 T、G 增加,D_{25} 垂直下移

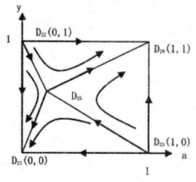

图 5 – 18　参数 t、E_4 增加,D_{25} 水平左移

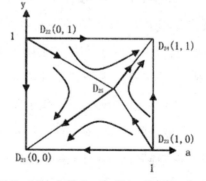

图 5 – 19　参数 C_g、E_5 增加,D_{25} 水平右移

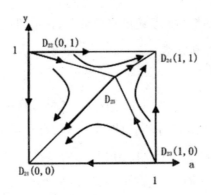

图 5 - 20　参数 n_2 增加，D_{25} 右上移动

5.4.5 数值实验及结果分析

借助 Matlab R2016a 编程进行博弈过程仿真，并依据经验，在 $0 \leqslant a* \leqslant 1$，$0 \leqslant y* \leqslant 1$，$0 < w < 1$，$E_2 < E_1$，$E_5 < E_4$，$0 < n_2 < n_1 < 1$ 要求下，为参数分别赋值如下：$E_1 = 13$，$E_2 = 12$，$E_4 = 6$，$E_5 = 4$，$C_{c2} = 4$，$C_g = 2.4$，$C_2 = 2$，$T = 8$，$t = 1$，$n_1 = 0.7$，$n_2 = 0.1$，$w = 0.4$，$G = 1$，得出以下结论：

（1）选择某种策略的初始群体比例变化对演化结果的影响。其中，图中横轴表示时间，纵轴表示双方利益主体选择合作和提供策略的比例，即政策供给主体选择"推进"策略和创业主体选择"合作"策略的意向。此时 $a* = 0.67$，$y* = 0.22$。图 5 - 21 显示了在不同初始状态下创业主体选择合作行为的演化路径依赖性及其演化结果：（a）不同初始条件下，收敛曲线、出发的路径在收敛到均衡状态之前均不会重叠相交；（b）曲线收敛速度的快慢与政策供给主体和创业主体策略的初始概率有关，且初始概率越接近均衡状态，收敛速度越快；（c）在政策供给主体（y）和创业主体（a）选择的初始策略概率相同的情况下，即 $a_0 = 0.5$、$y_0 = 0.5$，政策供给主体实施"提供"策略的初始概率越大，创业主体行为演化到选择"合作"的稳定状态的可能性越大；（d）当政策供给主体积极实施"推行"策略的初始概率接近理想状态时，创业主体选择"合作"的初始概率越大,越会以更快的速度达到立项的稳定状态,见图 5 - 22。

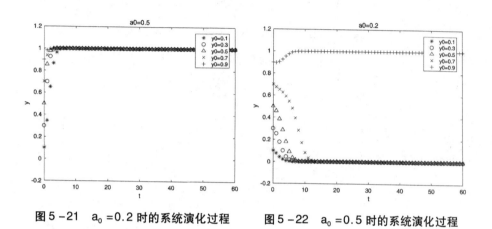

图 5 - 21　$a_0 = 0.2$ 时的系统演化过程　　　图 5 - 22　$a_0 = 0.5$ 时的系统演化过程

(2)创业主体配合推行政策意愿 n_1 对演化结果的影响。数值实验结果如图 5 - 23 和图 5 - 24 所示。当其他参数不变时,对比 n_1 值的变化可发现,当创业主体配合推行政策意愿升至 0.9 时($a* = 0.5, y* = 0.25$),收敛到理想区域的可能性变大,在政策供给主体"提供"策略概率较高时,机会驱动型 NSE 的运行可行度较高。

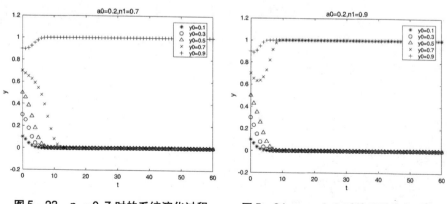

图 5 - 23　$n_1 = 0.7$ 时的系统演化过程　　　图 5 - 24　$n_1 = 0.9$ 时的系统演化过程

（3）创业主体主动推行政策意愿 n_2 对演化结果的影响。数值实验结果如图 5 – 25 和图 5 – 26 所示。当其他参数不变时，对比 n_2 值的变化至 0.29 时（$a* = 0.98, y* = 0.3$），可发现，当创业主体主动推行政策意愿升高时，收敛到不良区域的状态可能性增大。这表明，当创业主体主动推行政策的意愿提升时，是创业主体急需政府支持的信号，亦表明政府政策推行不及时或不作为的可能性增大，最终可能导致"双输"的局面。

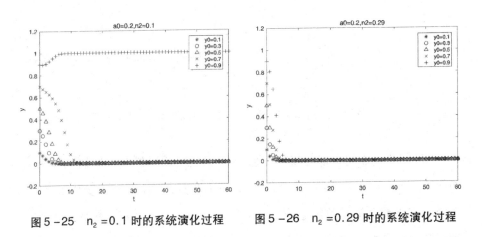

图 5 – 25 n_2 = 0.1 时的系统演化过程   图 5 – 26 n_2 = 0.29 时的系统演化过程

（4）政策供给主体的推行力度 w 对演化结果的影响。数值实验结果如图 5 – 27 和图 5 – 28 所示。当其他参数不变时，对比 w 值的变化至 0.99 时（$a* = 0.67, y* = 0.58$），可发现，当政策供给主体的推行力度增加时，反而系统演化至不良模式的概率增加，因此可以认为并非政策供给主体的推行力度越大越好，需要确定合理的力度范围。

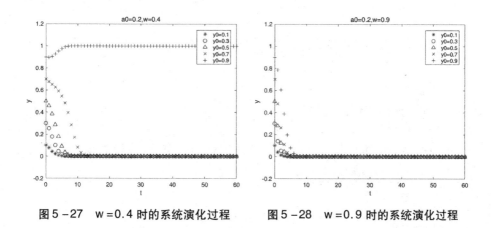

图 5-27　w=0.4 时的系统演化过程　　图 5-28　w=0.9 时的系统演化过程

（5）缺乏政府政策支持的情况下,创业主体为了保证发现创业机会而投入的额外成本 C_2 对演化结果的影响。数值实验结果如图 5-29 和图 5-30 所示。当其他参数不变时,对比 C_2 值的变化至 8 时($a*=0.67,y*=0.6$),可发现,当创业主体额外投入的成本增加时,系统反而演化至不良模式的概率增加,因此可以认为额外成本的增加会导致创业主体选择"不合作"策略的概率上升。

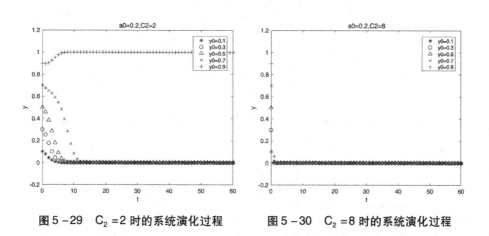

图 5-29　C_2=2 时的系统演化过程　　图 5-30　C_2=8 时的系统演化过程

5.5 创业主体与服务供给主体的演化博弈分析

5.5.1 演化博弈模型的建立

根据创业主体与服务供给主体双方策略的依存性,设置创业主体与服务供给主体的相关参数及含义,如表 5-7 所示。

表 5-7　主要参数及其含义(创业主体与服务供给主体)

参数符号	含　义
E	创业主体实施"合作"策略,服务供给主体实施"服务"策略时的额外共同收益
E_2	原本创业主体的收益
E_7	原本服务供给主体的收益
p	创业主体收益比($0 < p < 1$)
K	政府支持主体合作的收益
h	政府支持创业主体合作的收益比($0 < h < 1$)
C_{e3}	创业主体采用"合作"策略的成本
C_f	服务供给方实施"服务"策略的成本
C_3	缺乏服务供给方的支持,创业主体为保证发现创业机会额外花费的成本

根据 5.2 假设,利用博弈得益矩阵建立其演化模型,如表 5-8 所示。具体解释如下:

表 5-8　创业主体与服务供给主体间策略选择博弈的支付矩阵

服务供给主体	创业主体	
	合作	不合作
服务	$(1-p)E + (1-h)K - C_f, pE + hK - C_{e3}$	$E_7 - C_f, E_2$

续表

服务供给主体	创业主体	
	合作	不合作
不服务	$E_7, E_2 - C_{c3} - C_3$	E_7, E_2

其中，$0 < p, h < 1, E_2, E_7 < E$。

当服务供给主体与创业主体的策略组合为（服务，合作）时，创业主体与服务供给主体实现了良性互动。在原本收益上，创业主体可获得发现创业机会的额外收益 pE_1，还可以获得政府支持主体合作的收益 hK，此时，创业主体付出的合作成本为 C_{c3}，故创业主体采取合作策略的收益为 $E_2 + pE_1 + hK - C_{c3}$。在原本收益上，服务供给主体可以获得实施"服务"策略的收益 $(1-p)E$，还可以获得政府支持主体合作的收益 $(1-h)K$，同时需付出实施"服务"策略的成本 C_f，故服务供给主体采取"服务"策略的收益为 $E_7 + (1-p)E + (1-h)K - C_f$。

当服务供给主体与创业主体的策略组合为（服务，不合作）时，创业主体未能与服务供给主体实现互动。此时，创业主体采取"不合作"策略的收益为 E_2；服务供给主体采取"服务"策略，其所获得的收益为 E_7，付出的成本为 C_f，故其实施"服务"策略的收益为 $E_7 - C_f$。

当服务供给主体与创业主体的策略组合为（不推行，合作）时，服务供给主体未能与创业主体实现互动。此时，创业主体采取"合作"策略的收益为 E_2，由于缺乏知识供给主体的服务，创业主体需付出额外的成本去发现创业机会 C_3，以及创业主体采取"合作"策略付出的成本 C_{c3}，故其实施"合作"策略的收益为 $E_2 - C_{c3} - C_3$。知识供给主体采取"不服务"策略，其所获得的收益为其本身采取策略的收益 E_7。

当服务供给主体与创业主体的策略组合为（不服务，不合作）时，服务供给主体与创业主体无互动。此时，创业主体采取"不合作"策略的收益为 E_2。

同时,服务供给主体实施"不服务"策略的收益为 E_7。

5.5.2 模型的复制动态方程

在创业主体与服务供给主体的博弈中,假设群体中使用某个策略的增长率等于该策略的相对适应度,那么只要采取这个策略的个体适应度比群体的平均适应度高,该策略就会发展。设创业主体与服务供给主体的博弈模型中,创业主体选择"合作"和"不合作"策略的期望收益分别为 U_{51} 和 U_{52},平均期望收益为 U_5,则有:

$$U_{51} = z(pE + hK - C_{c3}) + (1 - z)(E_2 - C_{c3} - C_3)$$

$$U_{52} = zE_2 + (1 - z)E_2$$

$$U_5 = aU_{51} + (1 - a)U_{52} = a[z(pE + hK - C_{c3}) + (1 - z)(E_2 - C_{c3} - C_3)]$$
$$+ (1 - a)[z(E_2) + (1 - z)E_2]$$

同理,服务供给主体选择"服务"策略的期望收益为 U_{61},选择"不服务"策略的期望收益为 U_{62},平均期望收益为 U_6,则有:

$$U_{61} = a[(1 - p)E + (1 - h)K - C_f] + (1 - a)(E_7 - C_f)$$

$$U_{62} = aE_7 + (1 - a)E_7$$

$$U_6 = zU_{61} + (1 - z)U_{62} = z[a(1 - p)E + (1 - h)K - C_f + (1 - a)(E_7 - C_f)] + (1 - z)[aE_7 + (1 - a)E_7]$$

由此,创业主体和政策供给主体策略的复制动态方程为:

$$\begin{cases} F_3(a) = \dfrac{da}{dt} = a(U_{51} - U_5) = a(1 - a)(U_{51} - U_{52}) = a(1 - a)[z(pE + hK - E_2 + C_3) - C_3 - C_{c3}] \\ F_3(z) = \dfrac{dz}{dt} = z(U_{61} - U_6) = z(1 - z)(U_{61} - U_{62}) = z(1 - z)\{a[(1 - p)E + (1 - h)K - E_7] - C_f\} \end{cases}$$

上式反映了创业主体和服务供给主体分别选择"合作"和"服务"策略条件下的动态变动速度,两者共同形成了一个完整博弈系统的所有状态。通过上式可得,当且仅当 $a = 0, 1$ 或者 $z = z* = \dfrac{C_{c3} + C_3}{pE + hK - E_2 + C_3}$ 时,创业主体采取"合作"策略所占比例是稳定的;同理,当且仅当 $z = 0,1$ 或者 $a = a* = \dfrac{C_f}{(1-p)E + (1-h)k - E_7}$ 时,服务供给主体采取"服务"策略的占比具有稳定性。

复制动态方程相应的雅克比矩阵形式为:

$$j = \begin{Bmatrix} J1 & J2 \\ J3 & J4 \end{Bmatrix} =$$

$$\begin{Bmatrix} (1-2a)[z(pE+hK-E_2+C_3)-C_3-C_{c3}] & a(1-a)(pE+hK-E_2+C_3) \\ z(1-z)[(1-p)E+(1-h)K-E_7] & (1-2z)\{a[(1-p)E+(1-h)K-E_7]-C_f\} \end{Bmatrix}$$

矩阵的迹 $trJ = J1 + J4$,矩阵的行列式 $detJ = J_1 * J_4 - J_2 * J_3$。因此,$trJ = (1-2a)[z(pE+hK-E_2+C_3)-C_3-C_{c3}] + (1-2z)\{a[(1-p)E+(1-h)K-E_7]-C_f\}$,$detJ = (1-2a)[z(pE+hK-E_2+C_3)-C_3-C_{c3}]*(1-2z)\{a[(1-p)E+(1-h)K-E_7]-C_f\} - a(1-a)(pE+hK-E_2+C_3)*z(1-z)[(1-p)E+(1-h)K-E_7]$。

5.5.3 模型均衡点及其稳定性分析

为使双方博弈更接近现实,需增加约束条件。按照机会驱动型创业主体的实际情况,在服务供给主体提供服务的情况下,创业主体合作的收益一般会大于不合作的收益,否则,将降低创业主体主动与服务供给主体合作的积极性,即 $pE + hK - C_{c3} > E_2$;在服务供给主体不服务的情况下,创业主体实施不合作策略的收益必然大于实施合作策略的收益,即 $E_2 > E_2 - C_{c3} - C_3$;同理,在创业主体选择合作的策略下,服务供给主体实施服务策略的收益必然大于不服务的收益,这是服务供给主体促进创业主体创业,并融入机会驱动性 NSE 的必备条件,即 $(1-p)E + (1-h)K - C_f > E_7$;但是当创业主体选择"不合作"策略时,服务供给主体不服务政策的策略收益一定大于服务的策略收益,即 $E_7 > E_7 - C_f$。由此,可以得到服务供给主体和创业主体博弈系统的均衡解的约束条件,即 $pE + hK - C_{c3} > E_2$,$(1-p)E + (1-h)K - C_f > E_7$ 且 $C_f,C_{c3} + C_3 > 0$。此时,结合复制动态方程 $F_3(a)$ 和 $F_3(z)$,在平面 $M_3 = \{(a,z) \mid 0 \leq a \leq 1, 0 \leq z \leq 1\}$ 上,解出知识供给主体和创业主体组成的系统存在 5 个局部平衡点,即 $D31(0,0)$,$D32(0,1)$,$D33(1,0)$,$D34(1,1)$,D_{35} $(\dfrac{C_f}{(1-p)E + (1-h)K - E_7}, \dfrac{C_3 + C_{c3}}{pE + hK - E_2 + C_3})$。根据雅克比矩阵的局部稳定分析法,对这 5 个平衡点进行分析,具体见表 5 -9。

表 5 -9　局部稳定分析结果

均衡点	DetJ		TrJ	结果
$a=0,z=0$	$(-C_3 - C_{c3}) * (-C_f)$	$+$	$(-C_3 - C_{c3}) + (-C_f)$	$-$ ESS
$a=0,z=1$	$(pE + hK - E_2 - C_{c3}) * C_f$	$+$	$pE + hK - E_2 - C_{c3} + C_f$	$+$ 不稳定
$a=1,z=0$	$(C_3 + C_{c3}) * [(1-p)E + (1-h)K - C_f]$	$+$	$(C_3 + C_{c3}) + [(1-p)E + (1-h)K - E_7 - C_f]$	$+$ 不稳定
$a=1,z=1$	$(pE + hK - E_2 - C_{c3}) * [(1-p)E + (1-H)k - E_7 - C_f]$	$+$	$-(pE + hK - E_2 - C_{c3}) - [(1-p)E + (1-H)k - E_7 - C_f]$	$-$ ESS
$a = \dfrac{C_f}{(1-p)E + (1-h)K - E_7},$ $x = \dfrac{C_3 + C_{c3}}{pE + hK - E_2 + C_3}$	$-(C_f * (1 - \dfrac{C_f}{(1-p)E + (1-h)K - E_7})$ $* (C_3 + C_{c3})(1 - \dfrac{C_3 + C_{c3}}{pE + hK - E_2 + C_3})$	$-$	0	鞍点

据表 5 -9 可知,系统的 5 个均衡点中有两个是稳定的,为演化稳定策略 (ESS),分别对应于两个极端模式:不良的"锁定状态"(0,0)和理想状态(1, 1)。$D_{31}(0,0)$ 即为创业主体不合作、知识供给主体不提供的状态;$D_{34}(1,1)$ 即为创业主体合作、服务供给主体提供的状态。$D_{32}(0,1)$、$D_{33}(1,0)$ 为不稳定点,$D_{35}(\dfrac{C_f}{(1-p)E + (1-h)K - E_7}, \dfrac{C_3 + C_{c3}}{pE + hK - E_2 + C_3})$ 为鞍点,这三点连成的折线是系统收敛于不同策略模式的临界线,由此可以得到知识供给主体与创业主体交互的动态过程图,如图 5 -31 所示。

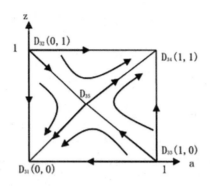

图 5 - 31   知识供给主体与创业主体交互的动态过程

图 5 - 31 中,不平衡点 D_{32}、D_{33} 和鞍点 D_{35} 连成的折线可以看作系统收敛于不同模式的临界线。初始状态在 $D_{31}D_{32}D_{35}D_{33}$ 区域内时,系统都将收敛于(不服务,不合作)模式,即服务供给主体不服务和创业主体不合作,双方不作为必然会影响机会驱动型 NSE 的发展,这是一种"不良"状态;而当初始状态在 $D_{33}D_{35}D_{32}D_{34}$ 区域时,系统都将收敛于(服务,合作)模式,即服务供给主体提供和创业主体合作,这是机会驱动型 NSE 的一种比较理想的状态。

5.5.4 模型参数分析及系统相位图

本节主要对影响服务供给主体和创业主体系统演化结果的参数进行逐一分析,并绘制相应的系统相位图。此处不考虑参数的联动反应,对于参数的联动反应,可以在满足条件 $(0 \leqslant \dfrac{C_f}{(1-p)E + (1-h)K - E_7} \leqslant 1, 0 \leqslant \dfrac{C_3 + C_{c3}}{pE + hK - E_2 + C_3} \leqslant 1)$ 的情况下,对参数赋值,通过数值仿真观察各组参数对系统演化结果的影响。

(1)参数 K、E

K 是政府支持主体合作的收益。由鞍点 D_{35} 和约束条件可知,在其他参数不变的情况下,当 K 增大时,D_{35} 依然向左下方移动(见图 5 - 32)。E 是创业主体实施"合作"策略，服务供给主体实施"服务"策略时的额外共同收益，当 E 增大时，D_{35} 向左下方移动（见图 5 - 32）。两个参数的增加均说明无论在何种情况下，只要创业主体的收益越高，其趋向于与服务供给主体合作的可能性就越大。

（2）参数 C_{c3}、C_3、C_f

C_{c3} 是创业主体采用"合作"策略的成本。由鞍点 D_{35} 和约束条件可知，在其他参数不变的情况下，C_{c3} 增加时，D_{35} 垂直上移（见图 5 - 33），使区域 $D_{33}D_{35}D_{32}D_{34}$ 的面积减少，系统收敛于理想模式的概率减少，不利于系统的良性演化。C_3 是缺乏服务供给方的支持，创业主体为保证发现创业机会额外花费的成本。C_3 增加时，D_{35} 垂直上移（见图 5 - 33），系统收敛于不良模式的概率增加。C_f 是服务供给主体实施"服务"策略的成本。在其他条件不变的情况下，C_f 增加时，D_{35} 水平右移（见图 5 - 34），系统收敛于不良模式的概率增加，不利于系统的良性演化。以上三个参数均说明，当成本增加时，均不利于创业主体和服务供给主体选择（合作，服务）策略，系统良性演化的可能性降低。

（3）参数 E_2、E_7

E_2 是原本创业主体的收益。由鞍点 D_{35} 和约束条件可知，在其他参数不变的情况下，当 E_2 增加时，D_{35} 垂直上移（见图 5 - 33），使区域 $D_{33}D_{35}D_{32}D_{34}$ 的面积减少，系统演化至 ESS 稳定点 D_{34} 的可能性降低，不利于系统的良性演化。E_7 是原本服务供给主体的收益，在其他参数不变的情况下，当 E_7 增加时，D_{35} 水平右移（见图 5 - 34），区域 $D_{33}D_{35}D_{32}D_{34}$ 的面积依旧减少，不利于系统的良性演化。以上两个参数说明，当各个主体原本收益较高时，均不愿意选择服务或合作策略，更有可能选择不服务和不合作策略，这不利于机会驱动型 NSE 的发展。

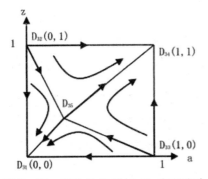

图 5 - 32　参数 K、E 增加,D_{35} 左下移动

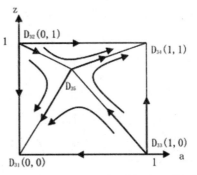

图 5 - 33　参数 C_{c3}、C_3、E_2 增加,D_{35} 垂直上移

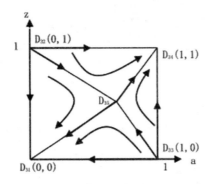

图 5 - 34　参数 C_f、E_7 增加,D_{35} 水平右移

5.5.5 数值实验及结果分析

借助 Matlab R2016a 编程进行博弈过程仿真,并依据经验,在 $0 \leqslant a* \leqslant 1$, $0 \leqslant z* \leqslant 1$, $0 < p,h < 1$, E_2, $E_7 < E$ 要求下,为参数分别赋值如下:$E = 2.5$, $E_2 = 0.5$, $E_7 = 0.5$, $C_{c3} = 2.5$, $C_f = 1$, $C_3 = 0.5$, $K = 3$, $p = 0.5$, $h = 0.6$ 得出以下结论:

(1)选择某种策略的初始群体比例变化对演化结果的影响。其中,图中横轴表示时间,纵轴表示双方利益主体选择合作和提供策略的比例,即服务供给主体选择"服务"策略和创业主体选择"合作"策略的意向。此时 $a* = 0.52$, $z* = 0.98$。图 5 - 35 显示了在不同初始状态下创业主体选择合作行

为的演化路径依赖性及其演化结果:(a)不同初始条件下,收敛曲线均同时收敛至不良均衡状态;(b)在服务供给主体(z)和创业主体(a)选择的初始策略概率相同的情况下,即 $a_0 = 0.9$、$z_0 = 0.9$,服务供给主体实施"服务"策略的初始概率越大,创业主体行为演化到选择"合作"的稳定状态的可能性越大;(d)当服务供给主体积极实施"服务"策略的初始概率接近理想状态时,创业主体选择"合作"的初始概率越大,越会趋向于稳定状态,见图5-36。

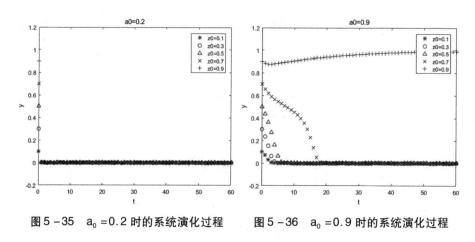

图5-35 $a_0 = 0.2$ 时的系统演化过程   图5-36 $a_0 = 0.9$ 时的系统演化过程

(2)创业主体收益比 p 对演化结果的影响。数值实验结果如图5-37和图5-38所示。在 $a_0 = 0.9$ 时,当其他参数不变,对比 p 值的变化可发现,

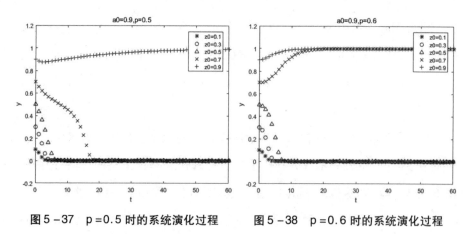

图5-37 p =0.5 时的系统演化过程   图5-38 p =0.6 时的系统演化过程

当创业主体收益比升至 0.6 时($a* = 0.59, z* = 0.91$),收敛到理想区域的可能性变大,在服务供给主体"服务"策略概率较高时,机会驱动型 NSE 的运行可行度较高。

(3)政府支持主体合作的收益 K 对演化结果的影响。数值实验结果如图 5 −39 和图 5 −40 所示。在 $a_0 = 0.9$ 时,当其他参数不变,对比 K 值的变化至 14 时($a* = 0.16, z* = 0.31$),可发现,当政府支持主体合作的收益升高时,收敛到理想区域的状态可能性迅速增大。这表明,政府等公共部门仍是促进创业主体和服务供给主体合作的关键要素,是机会驱动型 NSE 发展不可获取的部分。

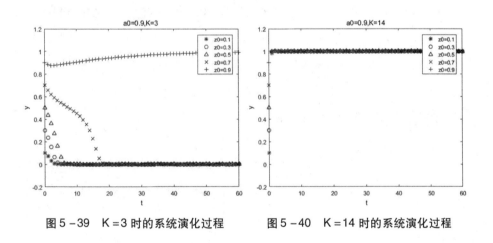

图 5 −39　K =3 时的系统演化过程　　图 5 −40　K =14 时的系统演化过程

(4)创业主体采用"合作"策略的成本 C_{c3} 对演化结果的影响。数值实验结果如图 5 −41 和图 5 −42 所示。在 $a_0 = 0.9$ 时,当其他参数不变,对比 C_{c3} 值的变化至 1 时($a* = 0.51, z* = 0.49$),可发现,当服务供给主体的推行力度降低时,系统反而演化至理想模式的概率增加,因此可以认为创业主体的合作成本对其合作意愿存在相反的影响。

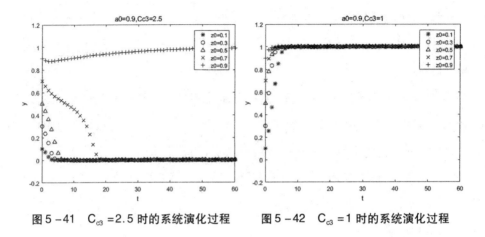

图 5 - 41　C_{c3} = 2.5 时的系统演化过程　　图 5 - 42　C_{c3} = 1 时的系统演化过程

（5）原创业主体的收益 E_2 对演化结果的影响。数值实验结果如图 5 - 43 和图 5 - 44 所示。当 a_0 = 0.9 时，当其他参数不变，对比 E_2 值的变化至 0.1 时（$a*$ = 0.51，$z*$ = 0.87），可发现，当创业主体原本收益降低时，系统反而演化至理想模式的概率增加，因此可以认为原本收益的下降会导致创业主体选择"合作"策略的概率上升。

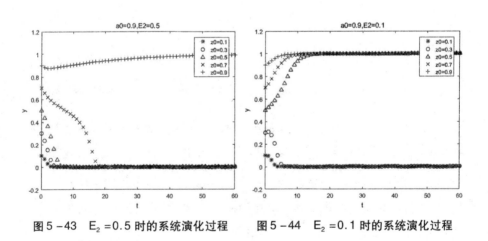

图 5 - 43　E_2 = 0.5 时的系统演化过程　　图 5 - 44　E_2 = 0.1 时的系统演化过程

5.6 本章小结

　　经第四章的微观层面研究发现,机会驱动型 NSE 主体存在适应性行为,这意味着主体在进入创业系统后需不断进化以获取更好的选择。而本章已经进入到中观层面的研究,即进行主体的两两交互作用过程分析。结合第四章对机会驱动型 NSE 主体的适应性行为特征,本章首先引入演化博弈论并对演化稳定策略和复制动态方程两个核心概念进行概述;其次分别分析了创业主体与知识供给主体、创业主体与政策供给主体、创业主体与服务供给主体之间两两博弈模型,并分别考虑了参数改变后的博弈模型的走向,为主体之间的演化提供了有益的探索;最后利用 Matlab 编程进行博弈过程仿真,以证明理论分析的有效性。

第6章 机会驱动型 NSE 多主体行为涌现

6.1 群体行为涌现效应的引入

系统科学中的整体涌现性,即整体行为、整体功能等的产生是部分经过一定方式组合形成系统之后才涌现出来的新特征,反映了系统的内在质变。正如在物理学现象中,零散部分依照特定形式组合形成系统,就会具备系统整体特有的性质,且这一特性是零散部分或者是部分的简单加和所不具备的,包括整体行为、整体功能等,如果再将系统拆解为零散部分,则上述整体特性又会消失。借鉴上述原理理解机会驱动型 NSE 多主体的群体行为涌现,可从规模效应与结构效应入手分析,其中前者侧重于主体规模与涌现发生的关联,后者侧重于主体联系与涌现发生的关联。

6.1.1 群体行为涌现的规模效应

从系统论观点来看,涌现产生的基础是组分数量差异导致不同的系统规模,进而引起系统性质层面的变化,这一过程中所体现的正是规模效应。从最简单的系统构成来看,整体涌现性可视为规模效应的直接表现形式,若不具备一定水平的规模,相应的整体涌现性也就不会发生。系统规模从小到大,带来自身性质和描述方式的差异,当发展到巨系统规模水平时,即便组分之间的联系形式简单,也会产生系统性质和行为方面的质变。

机会驱动型 NSE 主体行为涌现的来源之一就是创业系统的规模,主体数量是系统规模大小的直观表现,一定限度的主体数量增加所带来的复杂特性并不会对现有方法提出挑战。因此,从复杂适应系统角度研究机会驱动型 NSE 主体行为涌现的前提是大量主体的参与,主体数量过大导致研究障碍,特别是定量刻画已经无法采用小系统的相关研究方法实现。按照系统论原理,只有系统达到足够规模(例如圣塔菲研究所提出的中等规模概念、钱学森所提出的巨系统概念)才能发生涌现,这是必要条件但并非充分条件。机会驱动型 NSE 主体行为的涌现规模效应具体包括:

第一方面是数量的规模,体现在只有满足主体数量程度的要求,它们的集聚才会带来机会驱动型 NSE 的涌现现象发生。大量主体的聚集推动创业系统资源存量的快速发展,且具备创业行为特征的主体数目越大,机会驱动型 NSE 产生涌现现象的机率越高。究其原因,大量主体因为具备创业创新特质的共同点而发生集聚,构成规模更大的整体以完成外在任务要求,同时数量增多促使各主体的交互合作发生更加便利,借助主体各自优势的主动发挥带来"1 + 1 > 2"的效应。

第二方面是实力的规模,更多体现为质的要求。机会驱动型 NSE 中大量主体需要自身具有符合要求的创业能力或资源供给能力,这种条件下多主体集聚才会带来系统整体的资源涌现现象。假如主体创业能力或供给能力非常微弱,则即使大量聚集也不会促进机会驱动型 NSE 的整体规模效应涌现。

以上两方面的内容可以用图 6 – 1 表示。其中第 II 象限表示涌现性最为突出,第 III 象限表示涌现性最为微弱,其余象限表示涌现性处于中等水平。[115]

量的规模

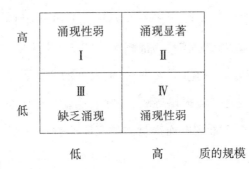

图6-1 系统涌现性和主体规模的关系

6.1.2 群体行为涌现的结构效应

系统涌现现象的结构效应体现在,组分遵从系统特定的结构组合规律相互作用而产生相干效应。结构效应产生的基础是不同系统组分的关联形式多样,即使是相同组分,采用的结构方式如果存在差异,那么最终带来的系统整体涌现性也会存在差别,例如相同原子经过不同方式的化学反应之后产生的分子会存在差异;相同企业成员经过不同的管理组织过程带来的经济效益会存在差异;相同主体经过不同的交互合作方式最终产生的创新成果截然不同。结构效应对分析理解机会驱动型 NSE 具有显著的参考价值。该系统是以数目众多的主体参与为基础,并借助主体之间的非线性相互影响,构成了复杂的系统结构,进而产生系统特有的整体功能。因为主体对创业资源的整合是创业的先决条件,同样系统功能的持续产生需要主体自身适应性的提升和主体之间连接方式的优化:当周围环境或是创新目标改变时,机会驱动型 NSE 的功能需求也会随之改变,即使仅仅是周围环境的改变也会要求主体属性的改变以实现相同的功能。在机会驱动型 NSE 演化过程中,借助主体交互作用方式的不断调节优化,就会持续产生优于系统部分的正的结构效应;同时结构组合方式的不合理就会带来阻碍创业功能实现的负的结构效应。

多主体构成的机会驱动型 NSE 结构演进存在两种方式:第一种是自发式演化,即系统自身发展缺乏目的性,演进过程是在内外部条件的推动之下被动产生的;第二种是诱发式演化,即以系统自身的特性为参考,主动对系统结构进行优化。无论何种方式,机会驱动型 NSE 的结构适应关系不会是一成不变的,而是处在持续不断的变动过程中。这一特性要求系统主体充分发挥自身能力以促进结构的不断优化,并通过自身对创业资源的充分利用实现对周围环境变动的预判,保证机会驱动型 NSE 演化过程的平稳性。所以当机会驱动型 NSE 的演进遇到障碍时,就需要发挥主动适应性,经过合理预判打破现有的系统平衡,推动系统涌现现象的发生,最终带来整体功能水平的提升以适应环境改变带来的新要求。

综上所述,大量主体参与到机会驱动型 NSE 运行中,通过规模效应与结构效应共同作用产生涌现现象。此处需要说明的是,涌现现象出现的前提是系统的整体存在,只要系统符合条件即可涌现相关特征,否则这些功能特征也会随着系统解体而消失。

6.1.3 规模效应与结构效应的逻辑关系分析

虽然多主体构成的机会驱动型 NSE 涌现是由规模效应和结构效应共同作用产生的,但是它们的作用程度大小不同,结构效应要比规模效应更重要。如果系统的规模巨大但结构组成简单,则涌现现象就很难发生;如果系统规模适宜且内部结构关系非常复杂,那么涌现现象就更容易发生。实质上,随着机会驱动型 NSE 创业主体数量的增加和系统规模的增大,主体之间的差别也会更加多样,从而导致对多主体的有效整合面临困难,因此通常情况下与涌现发生存在关键性关联的是结构效应。

主体特性只是保证机会驱动型 NSE 的整体涌现发生具有了一定可能性,同时需要主体之间的交互作用方式不断合理化才能推动涌现现象发生:

一方面,机会驱动型 NSE 主体行为的涌现现象是主体按照一定的结构方式集聚产生的效果,缺乏主体数量和创新特质的保证,结构的合理性也难以发挥作用;另一方面,多主体集聚产生的创业功能是通过合理的结构方式实现的,同样的大量主体如果集聚的结构方式不同,那么带来的整体涌现现象也会存在区别。因此,在从多主体角度对机会驱动型 NSE 的群体行为涌现现象进行分析的过程中,需要注意系统规模和结构间的协调问题:要促进涌现发生,先要保证系统主体规模符合特定要求,这是涌现现象产生的必要条件;之后需要侧重于构建完善的创业系统结构,在一定的外部环境影响条件下,促进结构效应发生作用,这才是涌现现象产生的充分条件。在机会驱动型 NSE 的层次涌现中,需要持续关注规模和结构的交错均衡发展,以使二者始终保持协调关系。

6.2 多主体仿真平台——Netlogo

6.2.1 多主体仿真平台的选取

钱学森在利用控制论、运筹学等相关理论分析经济、社会等具有显著复杂性特征的系统时,发现单纯进行大系统和小系统的划分不能完全体现规模对系统形态属性带来的影响作用。因此,钱学森对福瑞斯特从系统动力学角度研究社会系统的思路提出异议,并指出具有明显复杂特征的社会系统不能简单地用系统动力学来研究,需要事先考虑规模差异所带来的研究适用性差别。从上述研究局限性考虑,钱学森在 1979 年以传统的自组织理论为基础提出了巨系统概念,并指出系统特殊性质的涌现来源于规模持续增加导致巨系统的出现,同时自组织相关成果的出现进一步印证了他的论点。本书所研究的产业集群创新系统是一类复杂适应系统,创新系统演化存在动态变化、多主体参与以及数据不足等特点,特别是针对异质性多主体参与的群体行为涌现规模效应问题,直接采用系统动力学方法显然具有局限性。因此,本书认为适合利用基于多 Agent 的仿真模型进行研究。仿真模型方法主要应用在传统计量方法难以发挥作用的问题领域,尤其是对动态变化的复杂系统问题研究非常有效,因此成为理解复杂经济及社会系统动态发展过程的最有效手段,并且涉及问题领域不断得到拓展。同时,国外学者对此类仿真模型的应用成果持续产生,也证明了这一方法具有广阔的发展前景。

复杂适应系统理论研究的不断深入及其与各个学科的广泛交叉应用,极大地促进了众多研究复杂系统建模方法和工具的发展,例如 Swarm、Repast、Netlogo 等,它们的推广完善促进了复杂适应系统的多主体建模研究,同时也是复杂适应系统理论与其他学科交叉发展的有力工具。

本书拟选用 Netlogo 仿真工具平台。Netlogo 是实现多主体仿真的一个实用的仿真工具。它是由美国西北大学网络学习、计算机建模中心开发的可编程建模平台。对于随时间演化的复杂系统,使用 Netlogo 进行研究就特别适合。Netlogo 仿真为研究者研究微观层面的个体行为与宏观模式搭建了桥梁,建模人员可以通过微观主体的设置观察个体之间交互的涌现现象。Netlogo 简单易上手,由 Java 语言实现,支持跨平台运行。Netlogo 软件中收录了众多复杂系统的经典模型,涵盖范围面广,包括化学、生物、数学、物理、计算机、经济、社会等领域。模型库不仅包含模型,也有相应的文档对模型作出解释说明,为后续的研究提供拓展建议。学习者可以在阅读实例模型代码的同时,实时操作学习建模的相关技术,或根据模型库中文档的扩展建议进行修改或学习,这在一定程度上大大减少了建模人员的技术难度和工作量。

6.2.2 Netlogo 简介

在 Netlogo 中有多种 Agent 类型,包括 turtles、patch、link 等。一般本着简

单的原则,Netlogo 主要由 turtles 和 patch 组成。Turtles 能够在 patch 拼接的平面上随机移动,同时 turtles 之间及 turtles 与 patch 之间都能进行交互,每一个 patch 都由 pxcor、pycor 这两个整数属性构成,相应的 turtles 也有两个实数属性 xcor、ycor,这两个属性类似于坐标,指示 turtles 在 patch 中的位置。通过 Netlogo 平台构建多主体模型,研究观察主体与所处环境之间的交互作用,个体变化是整个系统宏观变化的基础。具体如下:[116]

(1)海龟(Turtle):模型中可以自由移动的主体。每个海龟都具有独立的属性和特征,如 ID 编码、形状、坐标、方向、颜色、大小等。当然,根据仿真的需要,也可以对海龟的属性进行扩展,如进行创业系统仿真时,可以为其定义收益、商业行为等特征。每个海龟都是一个独立的主体,通过后台编写程序,可以对每一个海龟进行精确的控制,也可以对某类海龟进行统一的控制。在仿真推进时,程序可以自动提取每个海龟的某些状态特征。

(2)瓦片(Patch):模型中不能自由移动的固定主体。每个瓦片也具有独立的属性和特征,如坐标、颜色、大小等。但因为瓦片不能移动,因此一般用来作为仿真模型的背景,瓦片越多,需要的计算机资源就越多,但仿真也越精确。因此在建模的时候,要合理选取仿真参数,本书中将瓦片参数设置为创业机会。

(3)观察者(Observer):模型中的全局主体。一个仿真模型只有一个观察者,它以"上帝视角"观察其它各个主体的运行过程,能够对仿真进行一定的监控和调节。

(4)链(Link):模型中的一种特殊主体。链是一条虚拟的线段,连接着两个海龟,它并没有显著的属性和特征,主要用于网络建模。

完整的 Netlogo 程序包括三个部分:交互界面、仿真说明和程序代码。交互界面用来向用户呈现可视化仿真的演化过程,以及负责与用户的交互过程。仿真说明用来对该仿真模型进行一定的注释,如介绍仿真目的、仿真流程、程序版权等。程序代码是模型的核心,在本界面使用 Logo 语言编写各个主体的控制程序,保证仿真顺利运行。

Netlogo 的交互界面主要包括两部分:用户控制部分和程序输出部分。用户控制部分主要实现用户对仿真程序的控制,基本组件包括按键、滑动条、开关、选择框、输入框、笔记等。按键一般用来实现对程序某一功能的操作,如开始仿真、结束仿真、执行某一个子程序等;滑动条用来设置某些全局变量的初始值和变化范围,这类全局变量可能属于对比试验的巧制变量,每次仿真开始之前可能需要重新设定(只能是数字量);开关用来控制仿真程序某一功能是否开启,仅有两个状态选项;选择框用来选择某些全局变量的初始值,与滑动条不同,选择框中的数据类型可以是任意类型的变量,如字符型、字符串型等;输入框用来输入某些全局变量的初始值,这类变量没有变化范围的限制,可以任意输入;笔记主要用来对以上组件的功能进行注释说明。程序输出部分主要包括绘图、输出框和程序仿真界面。绘图用来输出仿真中某些变量随时间的变化情况;输出框用来输出某些变量的当前值;程序仿真界面则用来演示仿真的具体演化过程。

Netlogo 程序是由函数组成,包括一个主函数和多个子函数。仿真开始后,后台开始从主函数的第一句读取代码,直到本函数结束,然后返回主函数的第一句,循环往复地执行下去。当程序比较简单时,可将所有代码都写入主程序当中。但是如果程序比较复杂,把所有的程序都写在主函数当中,会使程序臃肿不堪,这时,可将具有独立功能的某段程序设置为一个子函数放在主函数外面,当执行到子函数时,后台会自动读取主函数外相应子函数的代码。

运用 Netlogo 进行模型仿真的基本假设为:仿真空间由若干个网格组成,每一个网格都是一个静态的主体,而多个动态的主体分布于网格之中,每个主体都具有独立性,能够自主产生行动,所有的主体能够同时异步更新自身的行为,从而使得整个仿真系统能够随着时间的变化呈现出动态变化的效果。通过 Netlogo 中的编程语言来设置主体的属性和行为,编程语言控制主体异步更新操作的同时支持并发运行。

在第五章机会驱动型 NSE 主体的交互合作分析中,本书利用演化博弈方法研究了创业主体与知识供给主体、政策供给主体和服务供给主体之间的交互合作行为。在本章的多主体仿真模型构建中,为了能够使模型尽可能接近现实地模拟各主体之间的交互合作行为,本书依照创业主体、知识供给主体、政策供给主体和服务供给主体等进行主体类别划分和定义,并在仿真模型构建中尽可能考虑异质性主体之间的两两作用关系,从而实现了对主体交互合作共同作用下的群体行为涌现规模效应的精准刻画。

6.3 机会驱动型 NSE 多主体行为初始值设置

6.3.1 机会驱动型 NSE 主体行为描述

仿真模型构建的核心原理是需要将相关主体及其行为纳入到设计形成的虚拟空间内,从而构成一个系统性的仿真模型,研究者借助对模型参数的输入调节完成仿真模型条件的改变,最终实现对研究问题的细致分析。

据相关研究成果,本书将机会驱动型 NSE 的主体设计为四类:创业主体、知识供给主体、政策供给主体和服务供给主体。仿真模型是对现实世界的高度抽象,不可能涵盖主体的全部行为和所有外部环境要素。因此,根据多主体仿真设计原则以及 2.4 中总结的复杂适应系统主体行为的自治性、社会性、应激性和主动性特点,本书提出以下假设:

假设1:机会驱动型 NSE 主体有能力识别外部环境的变化,并能够对自身的行为进行调整。

假设2:在机会驱动型 NSE 中,创业机会客观存在。

假设3:在机会驱动型 NSE 各主体的交互过程中,不存在其他随机干扰因素。

依据现有多主体仿真的相关研究成果,本书对机会驱动型 NSE 多主体的行为描述如表 6 - 1 所示。

表 6 - 1　机会驱动型 NSE 主体的行为描述

主体	活动范围	主要属性	行为描述
创业主体（创业主体）	在机会驱动型 NSE 范围内和其他主体相互作用	进行机会驱动型创业行为	独立创业行为:创业主体不与其他主体合作,独立开展创业获取利润。 合作创业行为:创业主体与其他主体合作,寻求创业资源和创业机会,进而开展创业活动获取利润。 机会发现或创造:通过独立或合作资源开发而发现或创造创业机会。
知识供给主体（高校和科研机构）	在机会驱动型 NSE 范围内和创业主体、政策供给主体相互作用	提供创业知识和创业教育	独立知识创造:根据市场需求进行独立知识创造活动。 合作知识供给:与创业主体进行合作知识供给行为,促使创业主体获得更多创业机会,按比例分配合作收益。 获得政府补贴:政府推动知识供给主体对创业主体进行知识传递。 纳税:缴纳与其利润额相对应的税额。
政策供给主体（政府和公共服务部门）	在机会驱动型 NSE 范围内和创业主体相互作用	提供创业激励政策	合作政策供给:出台措施来鼓励创业主体进行合作创新,促使创业主体获得更多创业机会。 破产处理:对利润为负的企业进行注销。
服务供给主体（金融、法律以及人力资源服务）	在机会驱动型 NSE 范围内和创业主体、政策供给主体相互作用	提供创业所需的服务,具有盈利属性	独立服务业务:根据市场需求进行独立服务活动。 合作服务供给:与创业主体进行合作服务供给行为,促使创业主体获得更多创业机会,按比例分配合作收益。 获得政府补贴:政府推动服务供给主体积极对创业主体进行服务。 纳税:缴纳与其利润额相对应的税额。

6.3.2 机会驱动型 NSE 多主体行为的逻辑结构

基于表 6 - 1 所示的主体属性和行为描述,构建机会驱动型 NSE 多主体交互模型的逻辑结构(见图 6 - 2),核心环节包括多主体参与、创业合作、合作收益以及合作网络。实验进行时,机会驱动型 NSE 创业网络开始形成,此时资源禀赋和环境不确定性都较强,主体虽然有独立活动和合作活动两种决策,但更偏重合作活动。

首先,通常认为创业主体(persons)初始便有创业意愿和少量创业资源,这是机会驱动型 NSE 形成的基础。知识供给主体(colleges)本身可进行独立知识创造,因此其资源优势明显。而服务供给主体(services)的基本性质与创业主体雷同,均需要不断搜集创业资源,不断累计创业目标,而创业主体是服务供给主体的下游客户之一。因此,服务供给主体可视作成熟后的创业主体,拥有较高的资源丰裕度,对同行业的创业主体不仅具有服务性,还具有竞争性,会进行兼并或收购等行为。由此,本次实验将对创业主体、知识供给主体和服务供给主体设置初值以代表各主体的初始收益,由于知识供给主体的资源优势明显,故各主体初值设置分别为:100,200,100。

其次,由于政策供给主体的目标清晰,其在机会驱动型 NSE 中通过制度供给推动整个系统的发展,因此在此次实验中,将忽略政府的纳税职责,仅对其推动和引导作用进行分析。由图 6 - 2 可知,在机会驱动型 NSE 中,政策供给主体不仅为创业主体提供制度供给,还为知识供给主体和服务供给主体提供制度供给,鼓励他们积极与创业主体合作,因此制度供给在本次实验中体现在"政府支持"(government - support)参数上,将对以上三类主体均有作用,其取值范围为(0,2)。

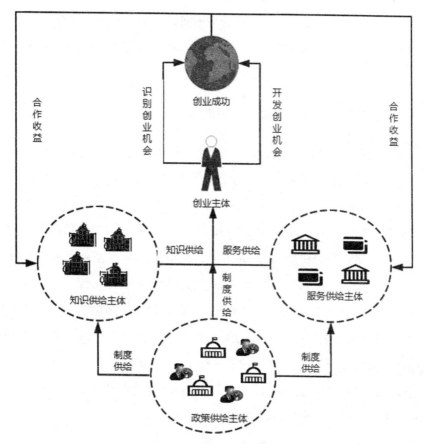

图 6-2　机会驱动型 NSE 多主体仿真的逻辑关系图

再次,在机会驱动型 NSE 中,创业机会的数量将随着各主体的交互不断改变直至趋于均衡。在进入机会驱动型 NSE 初期,创业主体不具备或较少具备发现或创造创业机会的知识,创业机会的数量较多。随着政府制度的增强,知识供给主体与创业主体不断交互,创业主体获取创业知识,服务供给主体也为创业者提供创业服务,创业主体创业便捷。因此,创业主体在机会驱动型 NSE 中发现或创造创业机会的能力不断增强,创业机会不断减少,但与此同时创业收益不断增加,创业人数也不断增多,系统处于平衡状态。

最后,如果创业失败,创业主体的收益不断减少,当减少至零以下时,企业破产。在机会驱动型 NSE 中,政府将扮演另一个角色——清查破产企业。如果破产企业不具有创业能力,也不具备发现或开发创业机会的知识,那么将导致其无法获得合作的机会,在模型中将自动退出。

6.3.3 机会驱动型 NSE 多主体仿真模型初值设置

基于大量的文献查阅及相关案例的分析,结合大数定律的假设条件,[117]本文研究模型的主要初始参数设置及代码如下:

(1)主体初始值

创业主体是机会驱动型 NSE 的基本组成,由于此时创业主体其创业意愿已从生存型转变为机会型,故为了体现创业主体具有基础资源整合性质和创业机会识别或开发的潜在属性,设置其初始值为100,创业主体数量在(0,1000)区间。由于知识供给主体既具有针对创业主体的创业知识供给属性,也具有针对其他主体的知识供给属性,故设置其基本能力初始值为200,其主体数量明显少于创业主体,故其主体数量在(0,100)区间。服务供给主体不仅具有创业服务供给属性,也具有盈利属性,设置其基本能力初始值为100,主体数量在(0,100)区间。代码如下:

```
create-persons number-of-persons [
    setxy random-xcor random-ycor
    set color black
    set shape "person"
    set energy 100 ]
create-colleges number-of-colleges [
    setxy random-xcor random-ycor
    set color blue
    set shape "arrow"
    set size 2
```

```
set energy 200    ]
create-services number-of-services [
    setxy random-xcor random-ycor
    set color pink
    set shape "house"
    set size 2
    set energy 100    ]
```

（2）创业机会初始值

前文已假设机会驱动型 NSE 中，创业机会客观存在。因此，本次实验设置创业机会初值为 10，且具有不断被发现或开发的属性。具体代码如下：

```
ask patches [
    set chances-amount random-float 10.0
    recolor-chances ]
to recolor-chances
    set pcolor scale-color yellow（10 - chances-amount）-10 20
end
```

（3）商业活动成本初始值

创业主体在机会驱动型 NSE 中具有持续经营行为，因此存在商业活动成本。在本次实验中，设置创业主体每次进行活动的成本区间在(0,5)。其进行商业活动的相关代码如下：

```
to do-business
    forward 1
        set energy energy - business-cost
end
```

基于本书的研究问题，结合机会驱动型 NSE 相关主体的特性，模型其他参数具体设置如表 6 - 2 所示。基于 Netlogo 仿真平台的数据呈现如图 6 - 3

所示。

表6-2　模型其他参数设置

参数	初始值范围
政策供给主体制度供给力度(government - support)	(0,5)
基于创业机会的收益(energy - gain - from - chances)	(0,1)
基于主体合作的收益(energy - gain - from - persons)	(0,20)
新进创业主体阈值	100
新增创业机会阈值	10

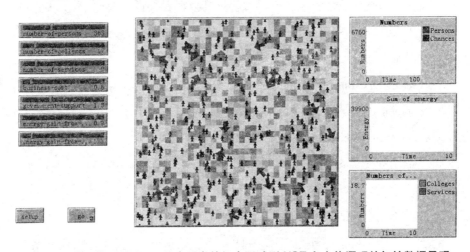

图6-3　基于基于 Netlogo 仿真平台的机会驱动型 NSE 多主体涌现的初始数据呈现

6.4 机会驱动型 NSE 多主体行为涌现规模效应

从研究对象的复杂适应性特征出发,本书选择多主体仿真方法对群体行为涌现的规模效应进行测度(见附录3)。

为了有效地考察机会驱动型 NSE 多主体的群体行为涌现规模效应,本书将考察创业主体数量、创业收益和创业机会数量三个指标。需要说明的是,指标计算形式的确定不仅与多主体仿真模型自身相关,而且更重要的是考虑了实验数据和参数设置的科学性。

(1)创业主体规模递增后趋于平稳

通过仿真模型运行发现,当仿真时间步长达到 4310 后,机会驱动型 NSE 的创业主体规模聚集到了稳定规模。具体模型指标结果如图 6 - 4 所示。

这表现为,在多主体交互合作过程中,持续的主体间合作成功吸引了越来越多的主体参与到机会驱动型 NSE 的创业过程中,表现为创业主体的不断上升。但是由于处于合作初期,创业主体对其资源禀赋较不确定,一部分企业因创业失败导致主动破产而退出系统,因此在系统演化初期,创业主体规模出现波动。随着其他主体与创业主体的合作,大量创业机会被不断识别或开发,使创业主体获得了较多的创业收益,空间外创业主体纷纷加入,导致规模效应迅速显现,直至达到稳定状态。

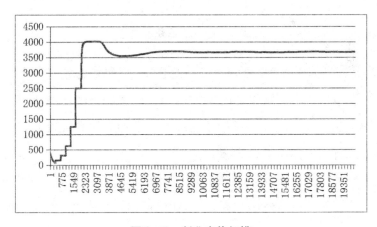

图 6 - 4　创业主体规模

(2)创业收益规模经过剧烈波动后趋于稳定

通过仿真模型运行发现,当仿真时间步长分别经过位于 2045 和 3793 点的剧烈震荡后,机会驱动型 NSE 的创业收益规模聚集到了稳定规模。具体模型指标结果如图 6 - 5 所示。

这表现为,由于知识、制度和服务的限制,创业主体初期本身蓄能较少,通过加入机会驱动型 NSE,经过与其他主体的合作,迅速获取了较高的创业收益。但是由于初期系统内创业机会较多,因此较先进行合作的创业主体可获得较高收益。随着系统内创业主体规模的增加,创业机会不断被识别或开发,导致创业收益规模下降并维持在平稳状态。

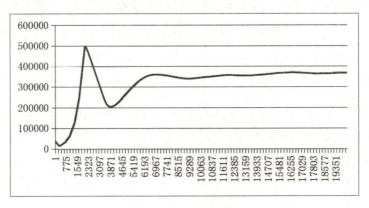

图 6 - 5　创业收益规模

(3)待开发创业机会收益规模经过先增后跌后趋于稳定

通过仿真模型运行发现,当仿真时间步长经过位于 1105 和 2077 点的剧烈震荡后,机会驱动型 NSE 的待开发创业机会收益规模聚集到了稳定规模。具体模型指标结果如图 6 - 6 所示。

这表现为,在创业主体与其他主体合作初期,客观存在的创业机会数量由于政策供给主体的有效引导和推动,在短期内迅速上升。随着创业主体规模的增加,及其与其他主体合作时长的增加,创业机会被创业主体不断识别或开发,故客观创业机会数量不断减少,随着创业主体规模的不断稳定,待开发创业机会收益规模也趋于稳定。

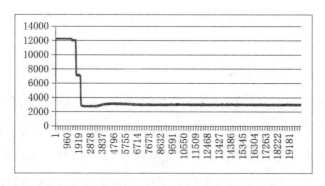

图 6-6　创业机会规模

　　以上仿真结果表明,在资源禀赋和环境不确定性较高的情况下,大量机会驱动型 NSE 创业主体选择合作策略进行创业,经过多次重复博弈过程,主体之间交互性和紧密性凸显,这不仅促进了整个机会驱动型 NSE 呈现出明显的涌现规模效应,同时也加速了机会驱动型 NSE 创业网络的形成。这也验证了 McGrath(1999)的观点,当创业主体增多,环境竞争性程度增加,产出呈现出更多变异性时,根据实物期权理论,这将使持有的期权价值增加,此时的机会识别或开发会获得更大的潜在收益。因此,更多的创业主体有意愿进行创业机会识别或开发,由此形成了机会驱动型 NSE 的良性演化。[118]

6.5　机会驱动型 NSE 多主体行为涌现结构效应

　　据前文所述,机会驱动型 NSE 主体之间的合作行为奠定了系统规模效应产生的基础。随着参与创业的主体规模的增加,合作关系逐渐复杂,加之主体自身内在属性的影响,从而形成机会驱动型 NSE 创业网络关系,产生群体行为涌现的结构效应。

6.5.1　机会驱动型 NSE 多主体行为规则设置

　　基于前文对机会驱动型 NSE 多主体的分析,通过对行为主体建模,分析机会驱动型 NSE 的演化特征和规律,实现对群体行为涌现的结构效应的刻画。

(1)主体合作规则设置

在对各主体进行初始化参数设置的基础上,基于主体趋向合作的前提,对各主体合作行为进行仿真。具体包括创业主体选择合作的创业行为,知识供给主体选择提供知识和教育的行为,以及服务供给主体选择提供服务的行为。需再次强调,由于政策供给主体在机会驱动型 NSE 中具有天然的引导和推动作用,故本次实验假设政策供给主体在系统演化过程中无条件提供政策和制度支持,以参数 government - support 体现,对创业机会规模有直接影响作用。

主体进行交互合作时,主要规则体现在三个方面(如图 6 - 7 所示)。

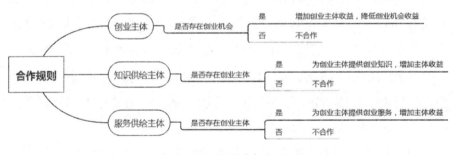

图 6 - 7　主体合作规则

第一,创业主体选择合作规则。基于创业机会客观存在的假设,创业主体进入机会驱动型 NSE 的前提是判断是否存在创业机会,即从创业机会本身创造的收益(chances-amount)是否多于创业主体从中获取的收益(energy-gain-from-chances)。若存在创业机会,创业主体将选择通过合作,充分利用创业机会进行经营活动,获取创业收益;此时,待识别或开发创业机会收益减少。具体代码如下:

```
to corporate
```

```
if ( chances-amount  > =  energy -gain-from-chances ) [
    set energy energy  +  energy -gain-from-chances
    set chances-amount chances-amount - energy -gain-from-chances
    recolor-chances
]
end
```

第二,知识供给主体选择合作规则。在创业主体选择合作的同时,知识供给主体为创业主体提供创业知识和创业教育,在仿真系统中将体现在原本未进行创业教育的"黑色"创业主体,通过与知识供给主体的合作,变成了"白色"。同时,知识供给主体也因其为正常运营组织,不仅从客观存在的创业机会获取价值(energy-gain-from-chances),也从受教育的创业主体中获取收益(energy-gain-from-persons)。具体代码如下:

```
to knowledge
    if any? persons-here [
        let target one-of persons-here
        ask target [
        set color white
        ]
            set energy energy  +  energy-gain-from-persons  +  energy-gain-
from-chances
    ]
end
```

第三,服务供给主体选择合作规则。在创业主体选择合作的同时,服务供给主体为创业主体提供创业服务,包括金融、法律或人才等服务。与知识供给主体相区别,服务供给主体是以利润为先导条件的盈利性组织,因此可将其视为与创业主体性质相似的主体,该主体同样具有获利性、扩张性和竞争性。在仿真系统中体现为,创业主体与其合作,服务供给主体提供服务,可从客观存在的创业机会中获取价值(energy-gain-from-chances)和从受服务的创业主体中获取收益(energy-gain-from-persons);同时,对具有相似创业背景的创业主体,将采取吞并策略(die)。具体代码如下:

```
to better-services
    if any? persons-here [
        let target one-of persons-here
        ask target [
        die
        ]

            set energy energy + energy-gain-from-persons + energy-gain-from-chances
        ]
    end
```

(2)主体新增规则设置

如图6-8所示,在机会驱动型 NSE 各主体进行合作期间,主体收益不断增加。当各主体收益增加至其初始收益的 2 倍时,可新增相同类型的主体。

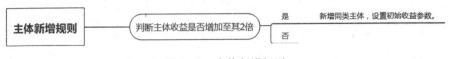

图6-8　主体新增规则

具体代码如下:

```
to new-persons-in
    ifelse breed = persons or breed = services
    [ if energy > 200 [
```

```
    set energy energy － 100
    hatch 1 〔 set energy 100 〕
  〕
〕
  〔 if energy ＞ 400 〔
  set energy energy - 200
  hatch 1 〔 set energy 200 〕
    〕
    〕
  end
```

（3）机会新增规则设置

如图 6－9 所示,在机会驱动型 NSE 主体合作过程中,创业机会被不断挖掘,但是由于政策供给主体天然的引导力和推动力,创业制度和政策出现,这促进了创业机会在机会驱动型 NSE 中不断显现。在仿真系统中,体现在以"黄色"为背景的瓦片(patches)中。

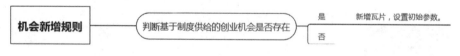

机会新增规则 — 判断基于制度供给的创业机会是否存在 — 是 新增瓦片,设置初始参数。 否

图 6－9　机会新增规则

具体代码如下:

```
to regrow-chances
  ask patches 〔
    set chances-amount chances-amount ＋ government-support
    if chances-amount ＞ 10.0 〔
      set chances-amount 10.0
    〕
```

149

```
    recolor-chances

  ]

end
```

6.5.2 可视化仿真结果分析

基于 6.5.1 的主体运行规则,使用 Netlogo 获取机会驱动型 NSE 群体行为涌现可视化仿真运行结果。如表 6 - 3 所示,设置相应系统参数后运行仿真平台,在时间步长为 2100 后,机会驱动型 NSE 主体行为出现涌现效应,仿真视图见图 6 - 10。

表 6 - 3　仿真参数设置

Energy Gain from Persons	Business cost	Number of services	Number of persons	Number of colleges	Energy Gain from chances	Government support
1.3	0.6	9	363	17	0.9	1.8

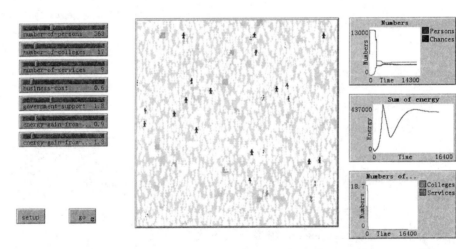

图 6 - 10　机会驱动型 NSE 群体行为涌现仿真视图

基于以上运行结果,本书对机会驱动型 NSE 多主体群体行为涌现的结构效应分析如下:

(1)商业成本和政府支持力度显著影响系统的涌现效应参数 Business – cost 为 0.6

当其他参数保持不变,分别独立设置商业成本,即 Business – cost = 0.8,和政府支持力度,即 Government – support = 4.7 时,发现创业主体数量和创业机会规模存在明显变化,如图 6 – 11、6 – 12 和 6 – 13 所示。但随着步长的增加,系统均最终趋于稳定。

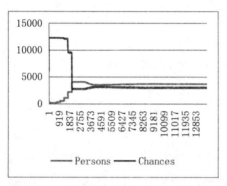

图 6 – 11　参数 Bussiness – cost 为 0.6

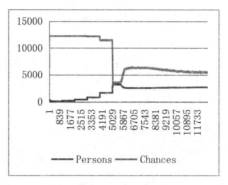

图 6 – 12　参数 Business – cost 为 0.8

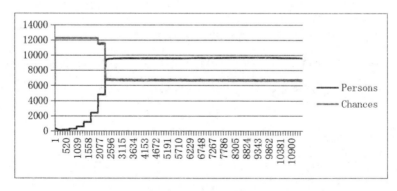

图 6 – 13　参数 Government – support 为 4.7

第一,即使商业成本小幅度增加,也会显著影响创业主体的创业意愿。

由图 6 - 14 可知,随着参数 Business - cost 从初始值 0. 6 增加至 0. 8,创业主体规模曲线的峰值由 A 点(步长 2136)转移至 B 点(步长 5369),峰值由 3904 降低为 3030。因此,商业成本是机会驱动型 NSE 形成初期影响创业意愿的关键因素。

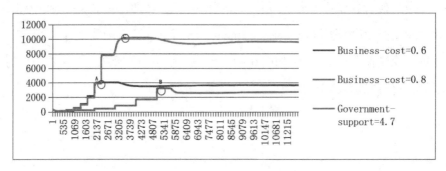

图 6 - 14　基于参数调整的创业主体规模变化图

第二,政府支持力度的增加,显著提升了创业主体的参与规模。由图 6 - 14 可知,随着参数 Government - support 从初值 1. 8 增加至 4. 7,创业主体规模曲线的峰值由 A 点(步长 2136)转移至 B 点(步长 3507),峰值由 3904 提升为 10188。因此,政府支持力度是提升机会驱动型 NSE 规模效应的关键因素。

(2)服务供给主体初值显著影响系统的涌现效应

当其他参数保持不变,调整服务供给主体数量,即 Number-of-services = 47 时,发现系统涌现现象存在明显差异,如图 6 - 15 所示。

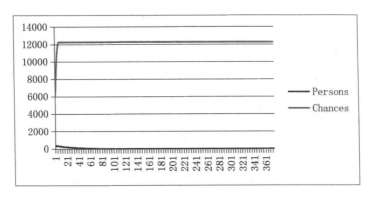

图 6 – 15　参数 Number – of – services 为 47

当服务供给主体参与数量 Number – of – services 从初值 17 增加至 47 时,如图 6 – 15 所示,创业主体的创业规模不但没有大幅度增长,反而趋向于零,最后归为零,系统无涌现现象。这可解释为,在机会驱动型 NSE 发展初期,创业服务类企业,如法律、金融和人力等企业过早地介入会阻碍创业主体的创业意愿,这可能与创业主体的资源禀赋和学习能力有较强的关系。可见,机会驱动型 NSE 中服务供给主体并非越多越好。

(3)创业主体支付的合作成本显著影响所有主体的合作意愿与合作规模

当其他参数保持不变,调整创业主体支付的合作成本,即 Energy – gain – from – persons = 7.2 时,发现在系统演化过程中,知识供给主体和服务供给主体的合作意愿与合作规模有显著上升,如图 6 – 16 和 6 – 17 所示。

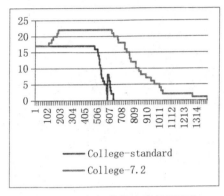

图 6-16 知识供给主体规模变化

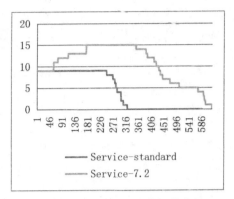

图 6-17 服务供给主体规模变化

但是随着支付成本的上升,创业主体参与意愿在系统的初始阶段不断降低,而随着主体间合作的不断深入以及创业机会的深度开发,创业主体规模和收益逐渐上升,最终达到相同均衡(见图 6-18 和 6-19)。

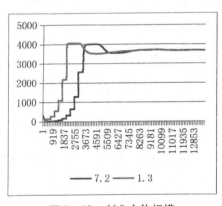

图 6-18 创业主体规模

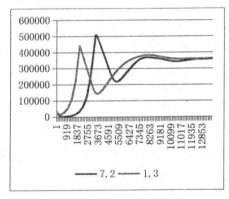

图 6-19 创业收益规模

(4)创业主体初值和知识供给主体初值未显著影响系统的涌现效应

当其他参数保持不变,分别独立调整创业主体参与数量 Number - of - persons 至 716,或知识供给主体参与数量 Number - of - Services 至 88 时,对比图 6-11,发现该参数并未对系统涌现现象产生较大影响,如图 6-20 和 6-21 所示。

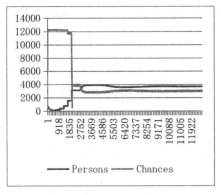
图 6 –20　参数 Number-of-persons 为 716

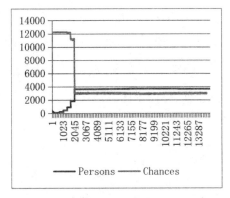
图 6 –21　参数 Number-of-colleges 为 88

由图 6 – 22 可知,即使创业主体初始规模增加,但随着机会驱动型 NSE 的演化,创业主体的创业规模并没有大幅度增长,反而略低于主体参与数量较少时的规模曲线。这可解释为,在机会驱动型 NSE 发展初期,由于创业主体资源禀赋不统一,创业机会识别或开发能力有限,无法形成规模效应。但随着服务供给主体和知识供给主体与创业主体的合作与交互,创业主体逐步具有创业机会的开发能力和创业获利能力,因此系统中创业主体的规模效应趋向稳定。可见,创业主体参与数量初值的变化并未显著影响系统创业主体的均衡规模。

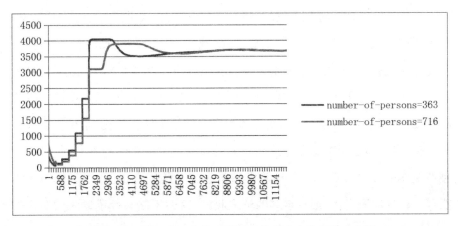

图 6 –22　基于创业主体人数调整的创业主体规模变化图

由图6-23可知,随着知识供给主体初始规模的增加,机会驱动型NSE的创业规模并未大幅度增长,但相比之下增长平稳。这可解释为,在机会驱动型NSE发展初期,创业主体资源禀赋不一,随着知识供给主体与创业主体的合作,创业主体逐步被赋予创业能力,创业主体的规模效应趋向稳定。

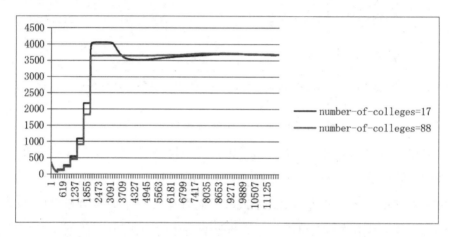

图6-23 基于知识供给主体数量调整的创业主体规模变化图

(5)知识供给主体和服务供给主体将逐渐被取代,进而退出机会驱动型NSE

在仿真实验运行过程中发现,随着步长的增加,知识供给主体和服务供给主体在与创业主体进行合作之后,逐渐减少,直至消失(见图6-24)。但与此同时,创业主体规模不断增加,创业收益提升(见图6-25),最终达到系统均衡状态。这可解释为,创业主体具有很强的自我学习能力,在进入机会驱动型NSE初期,需要知识供给主体和服务供给主体专业化、系统化的教育与服务,以便能迅速掌握创业技能。但随着新进创业主体的不断涌入,部分创业主体通过学习不断开发与教育和服务相关的创业机会,以更低的成本服务于新进创业主体,创造更多的价值收益,这便不断替代了原先的知识供给主体和服务供给主体,使自己成为系统内的知识供给主体和服务供给主体。这是系统良性发展的结果。

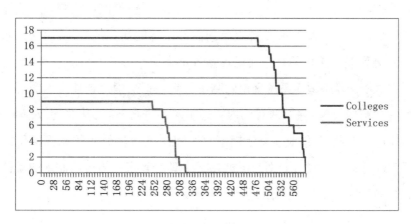

图 6-24　知识供给主体和服务供给主体规模趋势

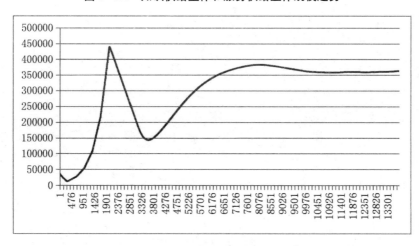

图 6-25　创业收益规模

6.6 本章小结

在第五章的研究中发现,机会驱动型 NSE 主体之间两两交互合作行为处在动态演化过程中。本章在此基础上,立足机会驱动型 NSE 多主体同时参与的特点,从系统中单一主体和主体之间的行为过程入手,立足于主体的异质性,将主体之间的交互合作视为系统内部的选择性链接,刻画在交互合作作用下机会驱动型 NSE 外部表象和内部结构的演化过程,从而完成对机会驱动型 NSE 多主体的行为涌现效应的分析。

本章依据复杂适应系统理论的基本原理,首先,引入群体行为涌现的规模效应和结构效应,并对两者的内在逻辑关系进行分析;其次,引入 Netlogo 多主体仿真平台,对创业主体、知识供给主体、政策供给主体和服务供给主体行为进行定义;再次,分别分析机会驱动型 NSE 多主体行为涌现的规模效应和结构效应,并通过可视化仿真进行演示。

第7章 结论与展望

随着中国经济发展进入以中高速增长、优结构、创新驱动、多挑战等为特征的新常态,大规模微观层面创业面临能否以及如何促进产业结构升级、拓展市场空间、增加就业和提升经济社会竞争力的问题。学术界也逐渐开始关注并重视这个问题,不同学科领域的学者分别从不同角度对其进行了相关研究,但相关研究成果对宏观创业特征与行为的运行和演化机理缺乏理解,基于此,有必要对机会驱动型 NSE 进行系统性研究。

本书紧紧围绕"机会驱动型 NSE 运行与演化"这一核心问题,从主体行为出发,综合运用演化博弈和系统仿真等方法,对机会驱动型 NSE 的结构进行了分析,对机会驱动型 NSE 的演化机理、影响主体博弈的焦点、策略选择进行了探索,对多主体的群体涌现效应进行了刻画,期望能为我国机会驱动型 NSE 的构建和运行提供有益的启示和理论依据。

7.1 研究结论

机会驱动型 NSE 的建模本身就是一个复杂的工作,而对更深层次的系统主体行为建模则更具挑战性。笔者认为,机会驱动型 NSE 是由具有主动性的人以及组织构成的系统,因此构建针对机会驱动型 NSE 主体行为模型,最终目的是为了模拟现实国家创业系统,找出内在运行规律,从而为参与创业活动的相关人员和组织决策提供科学依据。为了实现这个目标,本书进

行了有益的探索性研究,得出以下结论:

(1)提出了基于主体行为的机会驱动型 NSE 的研究框架

以复杂性科学相关理论为基础,在充分界定国家创业系统、区域创业系统和创业机会等概念的基础上,提出了基于主体行为的机会驱动型 NSE 的理论研究框架:①从基本属性、演化过程和主体行为三方面论证机会驱动型 NSE 是一种复杂适应系统。②立足于机会驱动型 NSE 的复杂适应性特征,对系统内的主体行为进行分析:基于主体自适应能力,研究主体之间的交互合作行为;以主体学习能力和主体之间的交互为动力,研究多主体条件下群体行为涌现的规模效应和结构效应。③从复杂适应系统理论的研究范式入手,通过建立仿真模型,对主体行为进行充分分析,以获得结论。至此,整个研究流程框架分析完成。

(2)分析了机会驱动型 NSE 主体的适应性行为特征

基于所构建的主体自身适应性行为的 NK 模型,深度剖析了机会驱动型 NSE 主体的适应性行为特征。通过引入适应度景观理论和 NK 模型,分析机会驱动型 NSE 主体适应性行为的影响因素,构建机会驱动型 NSE 主体适应性行为模型,通过对参数进行调节,绘制不同条件下的适应度景观图,并得出相关研究结论:①创业者心智、创业者经验、创业者教育和创业者网络是机会驱动型 NSE 主体的影响因素。②主体影响因素之间的非线性相关关系的复杂性越增加,主体进行适应性创业行为的道路越坎坷。③随着主体结构的复杂性即影响因素数量越增加,主体行为进化的难度越增加,同时,到达全局最优决策的速度也越慢。

(3)剖析了机会驱动型 NSE 主体之间交互合作行为特征

基于主体之间两两交互的演化博弈模型,深层次剖析了主体交互合作过程中所表现出的复杂适应性特征。在总结现有研究成果的基础上,引入演化博弈理论,利用演化稳定策略和复制动态方程两个关键性工具,分别建立了机会驱动型 NSE 主体之间的博弈模型。研究发现,在不考虑其他因素

的影响下,各主体之间的博弈均存在影响因素:①影响创业主体与知识供给
主体之间的演化博弈的因素包括:选择合作的初始群体规模、创业主体配合
接受知识水平、创业主体主动接受知识水平、知识供给主体的影响力度等。
②影响创业主体与政策供给主体之间的演化博弈的因素包括:选择合作的
初始群体规模、创业主体配合推行政策意愿、创业主体主动推行政策意愿、
政策供给主体的推行力度、创业主体为了保证发现创业机会而投入的额外
成本等。③影响创业主体与服务供给主体之间的演化博弈的因素包括:选
择合作的初始群体规模、创业主体收益比、政府支持主体合作的收益、创业
主体合作成本、原创业主体的收益等。

（4）解析了机会驱动型 NSE 多主体的行为涌现特征

通过建立涌现仿真模型,定量刻画了以主体交互行为为基础的群体行
为涌现规模效应和结构效应。以群体行为涌现的规模效应和结构效应逻辑
分析为基础,首先引入 Netlogo 多主体仿真平台,对创业主体、知识供给主体、
政策供给主体和服务供给主体行为进行定义;再次,分别分析机会驱动型
NSE 多主体行为涌现的规模效应和结构效应,并通过可视化仿真进行演示。
研究发现,在创业主体资源禀赋和环境不确定性都比较高的情况下,大量创
业主体倾向于选择合作策略,促使整个机会驱动型 NSE 产生非常明显的涌
现规模效应,同时整个系统的网络结构不断优化。

本书的创新点包括:

（1）实现了对基于主体行为的机会驱动型 NSE 复杂适应性的定量刻画。
在复杂适应系统理论和方法的框架下,突破现有的定性研究局限,跨学科引
入相应的定量分析工具,对机会驱动型 NSE 演化过程中主体自身适应性行
为、主体之间的交互合作行为以及多主体层面的群体行为涌现进行抽象,构
建了相应的定量研究模型,实现了从单纯理论分析到准确定量计算的实质
性跨越。

（2）拓宽了基于主体行为的机会驱动型 NSE 研究的范围。本书基于微

观和中观层面,从生物进化和动态演化视角,分析了机会驱动型 NSE 的演化过程,不仅利用 NK 模型和适应度景观理论探索了创业主体的适应性行为特征,还构建了创业主体、知识供给主体、政策供给主体和服务供给主体的两两行为交互的群体演化模型,分析各主体在相应情境下的选择策略,并通过模拟仿真分析,探索形成优化系统的演化路径。研究具有现实性、直观性,突破了以往对国家创业系统各主体定性分析的壁垒。

(3)立足机会驱动型 NSE 的多主体系统(简称为 MAS)特征,利用复杂适应系统(CAS)和 MAS 的映射关系,构建了机会驱动型 NSE 的多主体交互网络和仿真平台。现实中的机会驱动型 NSE 演化过程并非局限于少量主体参与,而是多主体参与下的网络系统,从内部结构来看,机会驱动型 NSE 主体可以视为网络的节点,主体之间的交互可以视为节点的连接,那么机会驱动型 NSE 网络的形成具有自下而上的群体行为涌现特征。在方法论层面,本书运用多主体建模工具,对宏观层面主体行为涌现的规模效应和结构效应进行刻画,并论证了机会驱动型 NSE 的独特优势,从而完成了基于复杂适应系统理论的以主体行为为基础的机会驱动型 NSE 研究的整个过程。

7.2 研究展望

创业是国家经济发展的核心,是创新的源泉,如何构建有效的、持续的国家创业系统是国内外学者关注的热点问题。本书从机会驱动型 NSE 的概念和理论出发,对机会驱动型 NSE 的结构进行了分析,对机会驱动型 NSE 的演化机理、主体适应性行为和影响主体博弈的焦点、策略选择进行了探索,对多主体的群体涌现效应进行了刻画,均取得了初步的较有意义的结论。但是由于客观条件及主观能力的限制,本研究还有很多工作需要完善,具体如下:

(1)运用复杂适应系统理论研究国家创业系统问题仍是经济学、管理学、系统科学等多个交叉领域的前沿研究问题之一,需要综合运用多种研究工具,深入挖掘多主体参与下的创业过程所呈现出的复杂适应性特征。在理论推导方面,可以从创业系统生命周期理论入手,论证不同类型或不同演化阶段主体行为表现的差异,推动相关研究进一步细化。

(2)群体行为涌现是当前研究的热点,从宏观层面,本书仅仅选取了创业主体、知识供给主体和服务供给主体进行探讨,具有研究的局限性。后续可以针对不同类型主体,选取相应的模型进行更多的对比研究,从而分析更多主体参与下的机会驱动型 NSE 涌现现象。

(3)在实证检验方面,由于受到历史数据缺乏等条件限制,因此给相关研究的深入开展造成了很大困难。未来研究中,可以加入案例对比分析,同时可尝试采用实证数据对相应的仿真模型进行重现验证,以期得到更加显著的实际应用效果。

附　　录

附录 1 - 1

```
import numpy as np
import itertools
from os.path import expanduser
from time import time
import matplotlib.pyplot as plt


N =4
i =3000
which_imatrix = 1
K =0


def imatrix_rand():
    Int_matrix_rand = np.zeros((N, N))
    for aa1 in np.arange(N):
        Indexes_1 = list(range(N))
        Indexes_1.remove(aa1)
        np.random.shuffle(Indexes_1)
        Indexes_1.append(aa1)
        Chosen_ones = Indexes_1[-(K+1):]
        for aa2 in Chosen_ones:
            Int_matrix_rand[aa1, aa2] = 1
    return(Int_matrix_rand)
```

```python
def imatrix_rand():
        Int_matrix_rand = np.zeros((N, N))
    for aa1 in np.arange(N):
        Indexes_1 = list(range(N))
        Indexes_1.remove(aa1)
        np.random.shuffle(Indexes_1)
        Indexes_1.append(aa1)
        Chosen_ones = Indexes_1[-(K+1):]
        for aa2 in Chosen_ones:
            Int_matrix_rand[aa1, aa2] = 1
    return(Int_matrix_rand)


Power_key = np.power(2, np.arange(N - 1, -1, -1))
Landscape_data = np.zeros((i, 2**N, N*2+3))
List=[]
for i_1 in np.arange(i):
        if which_imatrix==1:
            Int_matrix = imatrix_rand().astype(int)
    NK_land = np.random.rand(2**N, N)
    Landscape_data[i_1] = comb_and_values(NK_land, Power_key, Int_matrix)
    List=NK_land.tolist()


number_of_peaks = np.zeros(i)
max_values = np.zeros(i)
min_values = np.zeros(i)
for i_2 in np.arange(i):
    number_of_peaks[i_2] = np.sum(Landscape_data[i_2, :, 2*N+1])
    max_values[i_2] = np.max(Landscape_data[i_2, :, 2*N])
    min_values[i_2] = np.min(Landscape_data[i_2, :, 2*N])
print('Summary statistics for IMatrix: ' + str(which_imatrix) + ' K=' + str(K))
print('average number of peaks: ' + str(np.mean(number_of_peaks)))
print('maximum number of peaks: ' + str(np.max(number_of_peaks)))
print('minimum number of peaks: ' + str(np.min(number_of_peaks)))
```

```
plt.hist(number_of_peaks, bins=20, range=(1, 20), color='dodgerblue')
plt.title('Distribution of the number of peaks', size=12)
plt.xlabel('number of peaks', size=10)
plt.ylabel('frequency', size=10)
```

附录 1 – 2

```
N = 4
i = 3000
t = 50

which_imatrix = 1
K = 0
reorg = 50

power_key = np.power(2, np.arange(N - 1, -1, -1))
Output3 = np.zeros((i, t))

for i1 in np.arange(i):
    combination = np.random.binomial(1, 0.5, N)
    row = np.sum(combination*power_key)
    fitness = NK_landscape[i1, row, 2*N]
    max_fit = np.max(NK_landscape[i1, :, 2*N])
    min_fit = np.min(NK_landscape[i1, :, 2*N])
    fitness_norm = (fitness - min_fit)/(max_fit - min_fit)
    for t1 in np.arange(t):
        Output3[i1, t1] = fitness_norm
        row = np.sum(combination*power_key)
        fitA = np.mean(NK_landscape[i1, row, N:int(N+N/2)])
        fitB = np.mean(NK_landscape[i1, row, int(N+N/2):int(N*2)])
        if t1 < reorg:
            new_combination = combination.copy()
            new_combA = combination[:int(N/2)].copy()
            new_combB = combination[int(N/2):].copy()
```

```python
            choice_varA = int(np.random.randint(0, int(N/2)))
            choice_varB = int(np.random.randint(0, int(N/2)))
            new_combA[choice_varA] = abs(new_combA[choice_varA] - 1)
            new_combB[choice_varB] = abs(new_combB[choice_varB] - 1)
            new_combination[:int(N/2)] = new_combA.copy()
            new_combination[int(N/2):] = new_combB.copy()
            row = np.sum(new_combination*power_key)
            new_fitA = np.mean(NK_landscape[i1, row, N:(int(N+N/2))])
            new_fitB = np.mean(NK_landscape[i1, row, (int(N+N/2)):int(N*2)])
            if new_fitA > fitA:
                combination[:int(N/2)] = new_combA.copy()
            if new_fitB > fitB:
                combination[int(N/2):] = new_combB.copy()
            row = int(np.sum(combination*power_key))
            fitness = np.mean(NK_landscape[i1, row, N:2*N])
        else:
            new_combination = combination.copy()
            choice_var = np.random.randint(N)
            new_combination[choice_var] = abs(new_combination[choice_var] -
1)
            row = np.sum(new_combination*power_key)
            new_fitness = NK_landscape[i1, row, 2*N]
            if new_fitness > fitness:
                combination = new_combination.copy()
                fitness = new_fitness.copy()
        fitness_norm = (fitness - min_fit)/(max_fit - min_fit)
Fitness3 = np.mean(Output3, axis=0)

plt.figure(1, facecolor='white', figsize=(8, 6))
plt.plot(Fitness3, color='blue', linewidth=2, label='centr in t: ' + str(reorg))
plt.ylim(0.5, 1)
plt.legend(loc=4,prop={'size':10})
plt.title('Results of local search', size=12)
```

```
plt.xlabel('time periods', size=12)
plt.ylabel('fitness', size=12)

print('For IM=' + str(which_imatrix) + ' and reorg in round: ' + str(reorg))
print('Final fitness level for decentr/centr: ' + str(Fitness3[t-1]))
```

附录 1－3

```
import numpy as np
from os.path import expanduser    # new
import matplotlib.pyplot as plt

N = 4
i = 3000
t = 50
which_imatrix = 1
K = 0
p_jump = 0.5

power_key = np.power(2, np.arange(N - 1, -1, -1))
Output2 = np.zeros((i, t))

for i1 in np.arange(i):
    combination = np.random.binomial(1, 0.5, N)
    row = np.sum(combination*power_key)
    fitness = NK_landscape[i1, row, 2*N]
    max_fit = np.max(NK_landscape[i1, :, 2*N])
    min_fit = np.min(NK_landscape[i1, :, 2*N])
    fitness_norm = (fitness - min_fit)/(max_fit - min_fit)
    for t1 in np.arange(t):
        Output2[i1, t1] = fitness_norm
        if np.random.rand() < p_jump:
            new_combination = np.random.binomial(1, 0.5, N)
        else:
```

```
            new_combination = combination.copy()
            choice_var = np.random.randint(N)
            new_combination[choice_var] = abs(new_combination[choice_var] -
1)
        row = np.sum(new_combination*power_key)
        new_fitness = NK_landscape[i1, row, 2*N]
        if new_fitness > fitness:
            combination = new_combination.copy()
            fitness = new_fitness.copy()
            fitness_norm = (fitness - min_fit)/(max_fit - min_fit)
Fitness2 = np.mean(Output2, axis=0)

plt.figure(1, facecolor='white', figsize=(8, 6))
plt.plot(Fitness2, color='green', linewidth=2, label='p_jump='+str(p_jump))
plt.ylim(0.5, 1)
plt.legend(loc=4,prop={'size':10})
plt.title('Results of local search', size=12)
plt.xlabel('time periods', size=12)
plt.ylabel('fitness', size=12)
print('Final fitness level for long jumps: ' + str(Fitness2[t-1]))
```

附录 2

```
function dy=nse(t,y,E,E2,E7,Cc3,Cf,C3,K,p,h)
dy=zeros(2,1);
dy(1)=y(1)*(1-y(1))*(y(2)*(p*E+h*K-E2+C3)-C3-Cc3);
dy(2)=y(2)*(1-y(2))*(y(1)*((1-p)*E+(1-h)*K-E7)-Cf);
end


z0=0.1,a0=0.9,E=2.5,E2=0.5,E7=0.5,Cc3=2.5,Cf=1,C3=0.5,K=3,p=0.5,h=0.6;
[T,y]=ode45(@nse1,[0:60],[z0,a0],[],E,E2,E7,Cc3,Cf,C3,K,p,h);
y1=y(:,1);
plot(T,y1,'b*');
xlabel('t');
ylabel('y');
hold on;


z0=0.3,a0=0.9;
[T,y]=ode45(@nse1,[0:60],[z0,a0],[],E,E2,E7,Cc3,Cf,C3,K,p,h);
y1=y(:,1);
plot(T,y1,'bO');
xlabel('t');
ylabel('y');
hold on;


z0=0.5,a0=0.9;
[T,y]=ode45(@nse1,[0:60],[z0,a0],[],E,E2,E7,Cc3,Cf,C3,K,p,h);
y1=y(:,1);
plot(T,y1,'b^');
xlabel('t');
ylabel('y');
hold on;
```

```
z0=0.7,a0=0.9;
[T,y]=ode45(@nse1,[0:60],[z0,a0],[],E,E2,E7,Cc3,Cf,C3,K,p,h);
y1=y(:,1);
plot(T,y1,'bx');
xlabel('t');
ylabel('y');
hold on;

z0=0.9,a0=0.9;
[T,y]=ode45(@nse1,[0:60],[z0,a0],[],E,E2,E7,Cc3,Cf,C3,K,p,h);
y1=y(:,1);
plot(T,y1,'b+');
xlabel('t');
ylabel('y');
hold on;

title('a0=0.9,p=0.5');
legend('z0=0.1','z0=0.3','z0=0.5','z0=0.7','z0=0.9')
axis([0 60 -0.2 1.2])
```

附录 3

```
breed [persons person]
breed [colleges college]
breed [services service]

turtles-own [ energy ]

patches-own [ chances-amount ]

;; this procedures sets up the model
to setup
  clear-all
  ask patches [
    set chances-amount random-float 10.0
    recolor-chances
  ]
  create-persons number-of-persons [
    setxy random-xcor random-ycor
    set color black
    set shape "person"
    set energy 100
  ]
  create-colleges number-of-colleges [
    setxy random-xcor random-ycor
    set color blue
    set shape "arrow"
    set size 2
    set energy 200
  ]
  create-services number-of-services [
    setxy random-xcor random-ycor
```

```
        set color pink
        set shape "house"
        set size 2
        set energy 100
    ]
    reset-ticks
end

;; make the model run
to go
    if not any? turtles [
        stop
    ]
    ask turtles [
        wiggle
        do-business
        check-if-out
        find-chances
        new-persons-in
    ]
    regrow-chances
    tick
end

to knowledge
    if any? persons-here [
        let target one-of persons-here
        ask target [
        set color white
        ]
        set energy energy + energy-gain-from-persons + energy-gain-from-chances
    ]
end
```

```
to better-services
  if any? persons-here [
    let target one-of persons-here
    ask target [
    die
    ]
    set energy energy + energy-gain-from-persons + energy-gain-from-chances
  ]
end

to new-persons-in
    ifelse breed = persons or breed = services
  [if energy > 200 [
    set energy energy - 100
    hatch 1 [ set energy 100 ]
  ]
  ]
    [ if energy > 400 [
    set energy energy - 200
    hatch 1 [ set energy 200 ]
    ]
    ]
end

to recolor-chances
  set pcolor scale-color yellow (10 - chances-amount) -10 20
end

to regrow-chances
  ask patches [
    set chances-amount chances-amount + government-support
    if chances-amount > 10.0 [
      set chances-amount 10.0
    ]
```

```
      recolor-chances
  ]
end


to find-chances
  ifelse breed = persons
  [corporate]
  [ifelse breed = colleges
    [knowledge]
    [better-services]
  ]
end


to corporate
    if ( chances-amount >= energy-gain-from-chances ) [
        set energy energy + energy-gain-from-chances

    set chances-amount chances-amount - energy-gain-from-chances
    recolor-chances
  ]
end


to check-if-out
  if energy < 0 [
      die
  ]
end


to wiggle
  rt random 90
  lt random 90
end


to do-business
```

```
forward 1
    set energy energy - business-cost
end
```

参考文献

1. Chang H J, Richard K W. Organizing Development: Comparing the National Systems of Entrepreneurship in Sweden and South Korea [J]. *Journal of Development Studies*,1994,30(4):859 – 891.

2. Kantis H D, Federico J S. Entrepreneurial Ecosystems in Latin America: The Role of Policies [R]. Liverpool: International Research & Policy Roundtable,2012.

3. 熊飞. 促进中国就业增长的创业机制研究[D]. 北京:北京航空航天大学,2006.

4. Spilling O R. The Entrepreneurial System: On Entrepreneurship in the Context of a Mega – event[J]. *Journal of Business Research*, 1996, 36(1): 91 – 103.

5. Lichtenstein G. A., Lyons T. S. The Entrepreneurial Development System: Transforming Business Talent and Community Economies[J]. *Economic Development Quarterly*, 2001, 15(1):3 – 20.

6. Neck H M , Meyer G D , Cohen B , et al. An Entrepreneurial System View of New Venture Creation [J]. *Journal of Small Business Management*, 2004, 42(2):190 – 208.

7. Cohen B. Sustainable Valley Entrepreneurial Ecosystems [J]. *Business Strategy & the Environment*, 2010, 15(1):1 – 14.

8. Håkan Ylinenpää. Entrepreneurship and Innovation Systems: Towards a Development of the ERIS/IRIS Concept[J]. *European Planning Studies*, 2009, 17(8):1153 – 1170.

9. Isenberg D J(2011). The Entrepreneurship Ecosystem Strategy as A New Paradigm for Economic Policy: Principles for Cultivating Entrepreneurship[R]// Costello E K. Babson Entrepreneurship Ecosystem Project. Boston: Babson College.

10. Mason C., Brown R. Entrepreneurial Ecosystems and Growth Oriented Entrepreneurship[R], Background Paper Prepared for the Workshop Organised by the OECD LEED Programme and the Dutch Ministry of Economic Affairs on Entrepreneurial Ecosystems and Growth Oriented Entrepreneurship, 2014 – 7.

11. Acs Z J, Autio E, Szerb L, et al. National Systems of Entrepreneurship: Measurement Issues and Policy Implications[J]. Research Policy, 2014, 43(3): 476 – 494.

12. 程安昌. 江苏省科技创业机制与对策研究[D]. 南京:河海大学,2008.

13. 刘霞,章仁俊. 基于 CAS 理论的区域创业系统建设研究[J]. 科技进步与对策,2008(11):49 – 52.

14. 罗山. 城市创新性创业环境结构分析与设计[J]. 科技进步与对策, 2010(18):17 – 21.

15. 党蓁. 政府扶持型创业体系及政策研究[D]. 武汉:华中科技大学,2011.

16. 赵涛,刘文光,边伟军. 区域科技创业生态的结构模式与功能机制研究[J]. 科技管理研究,2011(4):79 – 82

17. 刘文光. 区域科技创业生态系统运行机制与评价研究[D]. 天津:天津大学,2012.

18. 赵涛,刘文光,边伟军. 基于系统动力学的区域科技科技创业生态系统运行机制研究[J]. 科技进步与对策,2012(16):20 - 24.

19. 刘文光,赵涛,边伟军. 区域科技创业生态系统评价:框架与实例[J]. 科技进步与对策,2013(1):43 - 49.

20. 边伟军,刘文光. 科技创业企业种群生态为测度方法研究[J]. 科学学与科学技术管理研究,2014(12):148 - 157.

21. 潘剑英. 科技园区创业生态系统特征与企业行动调节. 杭州:浙江大学,2014.

22. 张玲斌,董正英. 创业生态系统内的种间协同效应研究[J]. 生态经济,2014(5): 103 - 105.

23. 杨勇, 王志杰. 区域科技创业生态系统运行机制及政策仿真研究[J]. 科学学与科学技术管理, 2014(12):99 - 108

24. Aldrich, H W. Using an Ecological Perspective to Study Organizational Founding Rates [J]. *Entrepreneurship Theory & Practice*, 1990, 14: 7 - 24.

25. Van De Ven, A H. The Development of an Infrastructure for Entrepreneurship [J]. *Journal of Business Venturing*, 1993, 8(3):211 - 230.

26. ZOLTAN J ACS, LASZLO SZERB. The Global Entrepreneurship Index (GEINDEX)2009[A]. Jena Economic Re - search Papers,2009.

27. SLAVO RADOSEVIC. National Systems of Innovation and Entrepreneurship: In Search for a Missing Link[R]. KEINS (Knowledge – Based Entrepreneurship : Innovation,Networks and Systems),2005.

28. DANIEL J ISENBERG. The Big Idea:How to Start and Entrepreneurial Revolution[J]. *Harvard Business Review*,2010 (6):161 - 170.

29. 覃睿,秦雪. 基于 GEDI 的两岸三地创业系统比较研究. 科技进步与对策,2013(21): 67 - 74.

30. Lafuente E, Szerb L, Acs Z J, et al. Country Level Efficiency and Na-

tional Systems of Entrepreneurship：A Data Envelopment Analysis Approach ［J］. *LSE Research Online Documents on Economics*，2016.

31. Schillo R S，Persaud A，Jin M . Entrepreneurial Readiness in the Context of National Systems of Entrepreneurship ［J］. *Small Business Economics*，2016，46（4）:619 – 637.

32. Leyden，Patrick D. Public – sector Entrepreneurship and the Creation of a Sustainable Innovative Economy［J］. *Small Business Economics*，2016，46（4）:553 – 564.

33. 覃睿,吕嘉炜,樊茗玥. 面向国家创业系统的创新创业教育基本框架与实现路径［J］. 教育发展研究,2016,36（03）:57 – 63.

34. 覃睿, 秦雪. 基于 ISM 的国家创业系统运行机理与政策含义研究. 科学决策,2013（4）: 54 – 66.

35. 覃睿,王瑞,秦雪. 国家创业系统的层次结构及关键要素识别——基于 DEMATEL 与 ISM 的集成法. 地域研究与开发,2014（6）:45 – 49.

36. 覃睿. 国家创业系统相对效率评价模型与实证研究——基于网络 DEA［J］. 科研管理, 2015, 36（7）:137 – 144.

37. 汪忠,廖宇,吴琳. 社会创业生态系统的结构与运行机制研究［J］. 湖南大学学报（社会科学版）,2014（9）:61 – 65.

38. 林嵩. 创业生态系统:概念发展与运行机制［J］. 中央财经大学学报,2011（4）:58 – 62.

39. 何云景,武杰. 构建复杂适应的创业支持系统［J］. 系统科学学报,2007（3）:42 – 46.

40. Shane S，Venkataraman S. The Promise of Entrepreneurship as a Field of Research［J］. *Academy of Management Review*，2000，25（1）:217 – 226.

41. Jeffry A. Timmons. New Venture Creation ：Entrepreneurship for the 21st Century / 5th ed［M］. 1999.

42. Sahlman W A . Some Thoughts on Business Plans[J]. 1999.

43. Jeffry A. Timmons. New Venture Creation : Entrepreneurship for the 21st century / 4th ed[M]. 1994.

44. Kirzner I M. Entrepreneurial Discovery and the Competitive Market Process : An Austrian Approach[J]. *Journal of Economic Literature*, 1997, 35 (1):60 – 85.

45. Alsos G A, Kaikkonen V. Opportunities and Prior Knowledge : A Study of Experienced Entrepreneurs[J]. *Social Science Electronic Publishing*, 2011.

46. Chandler G , Detienne D , Lyon D . Outcome implications of opportunity creation/ discovery processes[J]. *Social Science Electronic Publishing*, 2003.

47. Smith B R, Matthews C H, Schenkel M T, et al. Differences in Entrepreneurial Opportunities : The Role of Tacitness and Codification in Opportunity Identification[J]. *Journal of Small Business Management*, 2009, 47 (1): 38 – 57.

48. 王倩, 蔡莉. 创业机会开发过程及影响因素研究[J]. 学习与探索, 2011(3):191 – 193.

49. Ardichvili A, Cardozo R, Ray S. A theory of entrepreneurial opportunity identification and development[J]. *Journal of Business Venturing*, 2003, 18(1): 105 – 123.

50. Samuelsson, M. Creating New Ventures : A Longitudinal Investigation of the Nascent Venturing Process [D]. Jönköping: Internationella Handelshögskolan,2004

51. Koellinger P. The Relationship between Technology, Innovation, and Firm Performance – – Empirical Evidence from E – business in Europe[J]. *Research Policy*, 2008, 37(8): 1317 – 1328

52. 张玉利, 陈寒松, 李乾文. 创业管理与传统管理的差异与融合[J].

外国经济与管理, 2004, 26(5):2－7.

53. 杨俊. 新世纪创业研究进展与启示探析[J]. 外国经济与管理, 2013, 35(1):1－11.

54. 斯晓夫, 王颂, 傅颖. 创业机会从何而来:发现,构建还是发现＋构建? ——创业机会的理论前沿研究[J]. 管理世界, 2016, No. 270(3):115－127.

55. 陈震红, 董俊武. 创业机会的识别过程研究[J]. 科技管理研究, 2005, 25(2):133－136.

56. 王大开, 侯志平. 浅谈创业机会的识别过程[J]. 商场现代化, 2008(5x):83－84.

57. 彭海军. 创业机会类型、环境感知与创业绩效研究[D]. 大连:东北财经大学,2010.

58. 张玉利,陈寒松. 创业管理. 第2版[M].2011.

59. 张玉利, 杨俊, 任兵. 社会资本、先前经验与创业机会——一个交互效应模型及其启示[J]. 管理世界, 2008(7):91－102.

60. 李剑力. 创新型创业和模仿型创业的分类促进政策探析——基于浙苏粤豫鄂陕渝七省市的调查[J]. 学习论坛, 2013(8):44－47.

61. 刘佳, 李新春. 模仿还是创新:创业机会开发与创业绩效的实证研究[J]. 南方经济, 2013, V31(10):20－32.

62. 张敏. FDI对机会驱动型和生存驱动型创业的影响研究——基于国别面板数据的实证[D]. 武汉:华中科技大学, 2016.

63. 姚梅芳, 马鸿佳. 生存型创业与机会型创业比较研究[J]. 中国青年科技, 2007(1):37－43.

64. Scott Shane. The Importance of Angel Investing in Financing the Growth of Entrepreneurial Ventures[J]. *Quarterly Journal of Finance*, 2012, 2(02):1250009－1－1250009－42.

65. Alvarez S A, Barney J B. Discovery and Creation: Alternative Theories of Entrepreneurial Action[J]. *Strategic Entrepreneurship Journal*, 2007: 11 - 26.

66. Tocher N, Oswald S, Hall D, et al. Proposing Social Resources as the Fundamental Catalyst Toward Opportunity Creation[J]. *Strategic Entrepreneurship Journal*, 2015, 9(2): 119 - 135.

67. Wood M S, Mckinley W. The production of entrepreneurial opportunity: A constructivist perspective[J]. *Strategic Entrepreneurship Journal*, 2010, 4(1): 66 - 84.

68. Sarasvathy S D. Causation and Effectuation: Toward a Theoretical Shift from Economic Inevitability to Entrepreneurial Contingency[J]. *Academy of Management Review*, 2001, 26(2): 243 - 263.

69. Sarasvathy S D, Dew N, Read S, et al. Designing Organizations that Design Environments: Lessons from Entrepreneurial Expertise [J]. *Organization Studies*, 2008, 29(3): 331 - 350.

70. Baker T, Nelson R E. Creating Something from Nothing: Resource Construction through Entrepreneurial Bricolage[J]. *Administrative Science Quarterly*, 2005, 50(3): 329 - 366.

71. Miller D. Archetypes, Entrepreneurial [M]// Wiley Encyclopedia of Management. John Wiley & Sons, Ltd, 2015.

72. Denisi A S. Some Further Thoughts on the Entrepreneurial Personality [J]. *Entrepreneurship Theory and Practice*, 2015, 39(5): 997 - 1003.

73. Shane S, Nicolaou N. Creative personality, opportunity recognition and the tendency to start businesses: A study of their genetic predispositions[J]. *Journal of Business Venturing*, 2015, 30(3):407 - 419.

74. Si S, Yu X, Wu A, et al. Entrepreneurship and Poverty Reduction: A Case Study of Yiwu, China[J]. *Asia Pacific Journal of Management*, 2015, 32

(1):119 – 143.

75. Trist E. Referent Organizations and the Development of Inter – Organizational Domains[J]. *Human Relations*, 1983, 36(3): 269 – 284.

76. Wright A, Zammuto R F. Wielding the Willow: Processes of Institutional Change in English County Cricket[J]. *Academy of Management Journal*, 2013, 56(1): 308 – 330.

77. 贾晓辉. 基于复杂适应系统理论的产业集群创新主体行为研究[D]. 哈尔滨:哈尔滨工业大学,2016.

78. 李士勇. 非线性科学与复杂性科学[M]. 哈尔滨工业大学出版社, 2006.

79. Davidsson P. Culture, Structure and Regional Levels of Entrepreneurship [J]. *Entrepreneurship and Regional Development*, 1995, 7(1): 41 – 62.

80. Mckeever E, Jack S, Anderson A. Embedded Entrepreneurship in the Creative Re – construction of Place[J]. *Journal of Business Venturing*, 2015, 30 (1):50 – 65.

81. Jaskiewicz P , Combs J G , Rau S B . Entrepreneurial Legacy: Toward a Theory of How Some Family Firms Nurture Transgenerational Entrepreneurship [J]. *Journal of Business Venturing*, 2015, 30(1):29 – 49.

82. Johannisson B, Nilsson A. Community Entrepreneurs: Networking for Local Development [J]. *Entrepreneurship and Regional Development*, 1989, 1 (1): 3 – 19.

83. Edward J. Malecki, Entrepreneurs, Networks, and Economic Development: A Re – view of Recent Research[J]. *Advances in Entrepreneurship, Firm Emergence and Growth*, 1997, Vol.3: 57 – 118.

84. Foss, L. . Conditions of Entrepreneurial Success: The Significance of Social Net – works and Economic Competence for Entrepreneurship[R]. Paper pre-

pared for the Second National Conference in Sociology in Norway, Bergen. 1991

85. Cohen B. Sustainable Valley Entrepreneurial Ecosystems [J]. *Business Strategy and The Environment*, 2006, 15(1): 1 – 14.

86. Birley S. The Role of Networks in the Entrepreneurial Process[J]. *Journal of Business Venturing*, 1985, 1(1): 107 – 117.

87. AV Bruno, TT Tyebjee. The Environment for Entrepreneurship [M]// Encyclopedia of Entrepreneurship C A. 1982.

88. Zanios J T. Building Entrepreneurship Development System in North Iowa [R]. Mason: NIACC, 2007

89. Zoltán J. ács, Erkko Autio, László Szerb, 2012. National Systems of Entrepreneurship: Measurement Issues and Policy Implications[R]. School of Public Policy Research, George Mason University, Paper No. 2012 – 08. http:// home. ubalt. edu/zacs

90. 黄炜. 黑客与反黑客思维研究的方法论启示——解释结构模型新探 [D]. 广州:华南师范大学, 2003.

91. 黄欣荣. 涌现生成方法:复杂组织的生成条件分析[J]. 河北师范大学学报:哲学社会科学版, 2011, 34(5):28 – 33.

92. Etzkowitz H, Leydesdorff L. Universities and the Global Knowledge Economy: A Triple Helix of University – Industry – Government Relations [M]. London:Cassell Academic, 1997.

93. 郭韬. 企业系统组织创新的涌现机理研究[J]. 科技进步与决策, 2007(12):169 – 171.

94. Wright S. The Roles of Mutation, Inbreeding, Crossbreeding and Selection in Evolution[C]. International Congress of Genetics. Proceedings of the Sixth International Congress on Genetics. Menasha Brooklyn Botanic Garden, 1932:356 – 366.

95. Lans T , Hulsink W , Baert H , et al. Entrepreneurship Education and Training in a Small Business Context: Insights from the Competence – Based Approach[J]. *Journal of Enterprising Culture*, 2009, 16(04):363 – 383.

96. Lans T , Biemans H , Mulder M , et al. Self – awareness of Mastery and Improvability of Entrepreneurial Competence in Small Businesses in the Agrifood Sector[J]. *Human Resource Development Quarterly*, 2010, 21(2):147 – 168.

97. Anggadwita G , Dhewanto W. The Influence of Personal Attitude and Social Perception on Women Entrepreneurial Intentions in Micro and Small Enterprises in Indonesia[J]. *International Journal of Enterpreneurship and Small Business*, 2016,27(3):131 – 148

98. Shepherd D, Haynie J M. Family Business, Identity Conflict, and an Expedited Entrepreneurial Process: A Process of Resolving Identity Conflict[J]. *Entrepreneurship Theory & Practice*, 2010, 33(6):1245 – 1264.

99. Man T W Y. Exploring the Behavioural Patterns of Entrepreneurial Learning[J]. *Education & Training*, 2006, 48(5):309 – 321.

100. Sørensen J B, Phillips D J. Competence and Commitment: Employer Size and Entrepreneurial Endurance[J]. *Industrial & Corporate Change*, 2011, volume 20(5):1277 – 1304.

101. Mrożewski M, Kratzer J. Entrepreneurship and Country – level Innovation: Investigating the Role of Entrepreneurial Opportunities[J]. *Journal of Technology Transfer*, 2017, 42(5):1125 – 1142.

102. Jiao H, Ogilvie D, Cui Y. An Empirical Study of Mechanisms to Enhance Entrepreneurs' Capabilities through Entrepreneurial Learning in an Emerging Market[J]. *Journal of Chinese Entrepreneurship*, 2010, 2(2):196 – 217.

103. SáNCHEZ J C. The Impact of an Entrepreneurship Education Program on Entrepreneurial Competencies and Intention [J]. *Journal of Small Business*

Management, 2013, 51(3):447 –465.

104. Ahmad N H, Ramayah T, Wilson C, et al. Is Entrepreneurial Competency and Business Success Relationship Contingent upon Business Environment?: A study of Malaysian SMEs[J]. *International Journal of Entrepreneurial Behaviour & Research*, 2010, 16(3):182 –203.

105. Morris, M H., Webb, J W., Fu, J, et al. A Competency – Based Perspective on Entrepreneurship Education: Conceptual and Empirical Insights[J]. *Journal of Small Business Management*, 2013, 51(3):352 –369.

106. Schmitt – Rodermund E. Pathways to Successful Entrepreneurship: Parenting, Personality, Early Entrepreneurial Competence, and Interests[J]. *Journal of Vocational Behavior*, 2004, 65(3):498 –518.

107. Leyden D P , Link A N , Siegel D S . A Theoretical Analysis of the Role of Social Networks in Entrepreneurship[J]. *Research Policy*, 2014, 43(7): 1157 –1163.

108. Rasmussen E , Mosey S , Wright M . The Evolution of Entrepreneurial Competencies: A Longitudinal Study of University Spin – Off Venture Emergence [J]. *Journal of Management Studies*, 2011, 48(6):1314 –1345.

109. TEHSEEN S, RAMAYAH T. Entrepreneurial Competencies and SMEs Business Success:The Contingent Role of External Integration[J]. *Mediterranean Journal of Social Sciences*,2015,6(1):50 –61.

110. Smith J M, Price G R. The Logic of Animal Conflict [J]. *Nature*, 1973, 246(5427): 15 –18.

111. Weibull J W. Evolutionary Game Theory [M]. Cambridge: MIT Press, 1995

112. Taylor P D, Jonker L. Evolutionarily Stable Strategies and Game Dynamics[J]. *Bellman Prize in Mathematical Biosciences*, 1978: 145 –156.

113. Zeeman E C. Population Dynamics from Game Theory [M]//Nitecki Z, Robinson C. the series Lecture Notes in Mathematics. Verlag: Spring, 2006: 471 –497

114. Friedman D. Evolutionary Game in Economics[J]. *Economical*, 1991, 59(3): 637 –666.

115. 崔婷. 企业能力系统涌现机理及层次演进研究[D]. 天津:天津大学, 2006.

116. 朱朝磊. 基于多智能体系统的快速路宏微观交通流建模与仿真[D]. 北京:北京工业大学, 2016.

117. 李玲. 基于复杂网络的产业转移与区域技术创新扩散影响关系研究[D]. 哈尔滨:哈尔滨工程大学, 2016.

118. Mcgrath R G. Falling Forward: Real Options Reasoning and Entrepreneurial Failure[J]. *Academy of Management Review*, 1999, 24(1):13 –30.

后 记

　　本书是教育部人文社会科学研究规划基金项目"机会驱动型国家创业系统运行与演化机制研究"（15YJA630059）的最终成果，获得了中国民航大学2019年度学术著作出版资助。本书的出版凝集了很多人的心血，在这里深表感谢。感谢所有我爱的和爱我的人的鼓励和帮助，特别要感谢戚晓琴女士，她在我写作本书的恰当时间恰当地出现，且总在恰当的时机给予恰当的关心和支持，最终本书在恰当的时候得以出版。感谢硕士研究生刘梦雪同学在本书的资料搜集整理和文字校对方面的辛勤付出。感谢天津人民出版社有限公司郑玥女士在本书出版过程中付出的艰辛努力。感谢我的家人的默默陪伴和支持。

覃　睿

2019 年 9 月